设施果蔬高效栽培

焦书升　主编

中国农业科学技术出版社

图书在版编目（CIP）数据

设施果蔬高效栽培／焦书升主编．—北京：中国农业科学技术出版社，2021.5

ISBN 978-7-5116-5252-2

Ⅰ.①设…　Ⅱ.①焦…　Ⅲ.①果树园艺-设施农业②蔬菜园艺-设施农业　Ⅳ.①S6

中国版本图书馆CIP数据核字（2021）第056629号

责任编辑　于建慧
责任校对　马广洋
责任印制　姜义伟　王思文

出 版 者　中国农业科学技术出版社
北京市中关村南大街12号　邮编：100081
电　　话　(010)82109708(编辑室)　(010)82109702(发行部)
(010)82109709(读者服务部)
传　　真　(010)82106650
网　　址　http://www.castp.cn
经 销 者　各地新华书店
印 刷 者　北京富泰印刷有限责任公司
开　　本　880 mm×1 230 mm　1/32
印　　张　7.625
字　　数　221千字
版　　次　2021年5月第1版　2021年5月第1次印刷
定　　价　38.80元

《设施果蔬高效栽培》

编委会

主　编：焦书升

副主编：尚新江　高　艳　石文军　袁景华

编　委：王　璟　朱金籴　陈体能　杨双龙

　　　　黄丽娜　王潇楠　王慧云　翟　超

前　言

乡村振兴战略是党的十九大提出的一项重大举措，乡村振兴离不开产业发展，设施果蔬的高效发展，是解决乡村产业发展的强有力支撑。

我国的农业相对发展不平衡，在技术手段、生产工具及生产效率上相对落后，因此，在技术手段、生产工具同等的情况下，如何提高生产效率就成为增加农业收益的关键。果蔬设施高效栽培技术可以对农作物的生长环境实施有效控制，而云计算与互联网技术的加入，能够大大提升设施农业的精准施策，促进设施农业所营造的环境最大程度地满足农作物生长的要求。设施农业在物联网、互联网等方面的应用，可以加速农业生产进程，提高农业生产效率，加快农作物病虫害防治、水肥一体化、农作物生长控制，促进农业的现代化，实现农业的健康快速发展。

设施果蔬高效栽培技术可以破解我国人多地少的弱点，通过设施农业周年栽培技术，一年可达三熟或四熟，显著提高了农作物的复种指数，促进农业增收，同时，可以利用光合作用、空间作用，为农业经营者争取了更多的空间利用。例如，设施农业可以设置上下层或者多层，在有限的土地上，进行空间优化，提高种植的规模。

设施果蔬高效栽培技术能够防止农产品污染，提高农产品的品质。大棚、日光温室及智能化温室能够克服自然条件的影响，一年四季可以吃到新鲜的果蔬，同时，大棚、日光温室及智能化温室可以隔绝外界污染的空气、雨水、病虫害等。要想产出高端的农产品，必须依靠设施来完成，这一点完全符合消费升级的方向，优质农产品或高端农产品将会成为农产品消费市场的主流。

设施果蔬高效栽培技术是乡村振兴产业的一个重要方向与支点，通过设施农业的布局可以破解传统农业的痛点。与其他农业形式相比，设施果蔬高效栽培技术有着较为广阔的发展前景，它能够帮助我们立足于设施农业发展的实际，着眼于设施农业发展的前景，实现科学的发展规划，促进设施农业的健康发展。从设施农业的发展情况来看，设施农业在发展的过程中，越来越多地与气候、农业发展规律以及农作物种植特点结合起来，这种特点的出现，使在某一区域内的某一种农作物的种植形成固定的模式，实现农业设施的标准化。

果蔬是人们日常生活中不可缺少的食品之一，其产业的发展直接关系国家的经济发展和社会稳定。发达国家的果蔬产业发展水平较高。例如美国果蔬产业特点主要体现在以下几个方面：一是专业化，包括生产地区、果蔬农场以及生产工艺专业化；二是科学化，美国广泛采用一套现代化科学技术和先进设备，实行科学种菜；三是机械化，从整地播种到收获以及采后处理，全部实现了机械化，部分作业还实现了自动化，手工劳动只是作为机械化作业的必要补充；四是社会化，美国果蔬产业服务体系完善，服务手段先进，基本上实行了产前、产中、产后的全程多方位社会化服务；五是规范化，为了保证质量和降低损耗，美国非常重视蔬菜采后处理的各个环节，并进行规范化管理；六是一体化，美国蔬菜流通环节分工明确，快捷通畅，设在产地的销售公司是产、供、销一体化的联合企业。

近年来，我国的果蔬生产，不论从播种面积还是产量上看，均表现出稳中有升的发展趋势，生产规模不断扩大。蔬菜作物以占农作物 1/10 的播种面积创造了占种植业近 1/3 的产值。设施蔬菜产业发展也十分迅速。瓜果种植中，设施栽培和压砂栽培等先进栽培技术的应用，使其突破了季节性的局限，异地生产和反季节生产发展迅速。加之政府积极的政策导向，交通运输条件的改善，优良瓜菜品种的开发推广以及对农民的培训教育，使瓜菜产量得到有效提高。

果蔬是鲜活农产品，因其具有生产季节性、流通区域性等，故栽培种类十分丰富。据统计，我国现今拥有的栽培蔬菜作物至少有298种，分属50个科，其中常年生产的蔬菜达14大类150多个品种。同时，我国的西瓜、甜瓜生产应用品种也是世界上最多的，主要的西瓜、甜瓜栽培用种达数百个之多。

目前，我国果蔬生产总体上还处于传统农业生产阶段，以家庭式小规模生产为主，专业化、组织化程度较低。近几年，人工成本、生产成本、土地租金的不断攀升，造成多数果蔬生产企业、农民合作社处于无利甚至是亏损的状态，严重挫伤了果蔬新型经营主体发展的积极性。

随着生活水平的不断提高，消费者的消费观念发生了明显转变，对果蔬品种的需求也呈现出多样化和差异化趋势，原有思维及品种已经不能满足社会发展需要。果蔬产品的品牌建设力度也不够，不能在消费者心中形成良好的信誉。另外，果蔬运输方式和贮藏保鲜技术相对落后，使其在运输、储存过程中损失较大，直接影响了果蔬的上市品质。

果蔬生产属于劳动密集型和技术密集型产业，需要大量高素质的劳动力和新技术的指导。但是由于目前国内的规模化种植和机械化作业水平较低，我国的果蔬仍然依靠的是用低成本的劳动力换取集约化生产的高利润。随着城镇化的高速发展，青年劳动力大多外出务工，农村的劳动力出现了匮乏的局面。同时，果蔬生产技术人员的缺乏，技术服务的不到位，直接制约了果蔬生产水平的提高。

果蔬产业是现代农业的发展方向。果蔬产品在传统农业阶段的商品率不高，没有发挥出应有的经济效益和社会效益。随着社会不断进步发展，加之我国实施城镇化战略，农村人口向城市转移，城镇人口对商品果蔬数量和质量的需求迅速增长，市场的拉动作用使果蔬作物占农作物比重越来越大，成为当前乃至今后农业发展速度较快的产业。因此，果蔬产业是与现代农业发展进程相适应的产业，是改变农业结构、扩大农产品出口和提高人民生活水平的重要产业，是现代农业发展的方向。

基于此，本书将多年科研与推行的成果汇集，以期指导实践，由于编者水平有限，有不当之处，敬请读者批评指正。

编　者

2021 年 1 月

目　　录

第一章　设施果蔬栽培发展概况

设施农业在保障人类食物安全和农产品有效供给特别是在确保“菜篮子”安全方面具有不可或缺的作用，是现代农业的重要组成部分。在我国，设施果蔬栽培占设施农业总面积的95%以上，设施果蔬种植面积及总产量居世界领先水平。

第一节　设施果蔬栽培的特点和意义

设施果蔬栽培与露地果蔬栽培是目前果蔬生产的两种基本模式，在保障果蔬产品安全、有效供给中发挥着重要作用。设施果蔬栽培是通过小拱棚、塑料大棚、日光温室、连栋温室、植物工厂和垂直农场等设施，形成环境可控、周年生产的高效生产方式。它可实现常年化均衡生产，产量高、品质好、生产周期短，效率和效益是传统露地农业的几倍甚至几十倍。

设施果蔬栽培是现代生物技术与工程技术的集成，涵盖了建筑、材料、机械、自动控制、环境、品种、栽培、管理、经营等多个学科和领域，因而其发达程度也就成为衡量一个国家（地区）农业现代化水平的重要标志之一。其中，设施果蔬栽培技术是决定设施果蔬高效生产的基础性技术。

设施果蔬栽培是人类摆脱自然气候条件局限，实施果蔬生产可控技术进步的表现，是科技驾驭自然条件为人类服务的途径，而且还可实现在盐碱地、岛屿、家庭阳台等非可耕地上的生产，能够大幅提高土地资源、水资源和光热资源利用率。

以设施果蔬为主的设施农业是实现传统农业向现代农业生产方式转变、建设新型现代农业的重要内容，是调整农业结构、实现农民增收和农业增效的有效方式，是促进农民就业、缓解农业人口压力的有效措施，是提高土地利用率、增加农产品有效供给、保障食物安全和社会稳定的重要保障。

我国人多地少，资源短缺，耕地面积约占全球总面积的 7%，人口却占全球总人口 20%，如何保障农产品安全、有效供应已成为面临的重大现实问题。设施农业特别是设施果蔬产业在蔬菜、花卉、水果、中药材、食用菌等农业生物生产与农产品有效供给中发挥着重要作用，对改善农业生产条件，提高农业发展质量和效益，推进城乡统筹发展的进程具有重要意义。

第二节 国外设施果蔬栽培发展概况

设施农业历史久远，15—16 世纪，英国、荷兰、法国和日本等国家就开始建造简易的温室，栽培时令蔬菜或小型水果；17—18 世纪，法国、英国、荷兰等欧洲国家出现玻璃温室；19 世纪初，英国学者开始大量研究温室屋面的坡度对进光量的影响以及温室加温设备等问题，推出了双屋面玻璃温室，这个时期，温室主要栽培黄瓜、甜瓜、草莓、葡萄、柑橘和凤梨等蔬菜和水果；19 世纪后期，温室栽培技术从欧洲传入美洲及世界各地，中国、日本、朝鲜等国家开始建造单层面温室；20 世纪 60 年代，美国成功研制无土栽培技术，使温室无土栽培技术大变革，到 70 年代初，美国已有 400hm^2 的无土栽培温室用于生产黄瓜、番茄等。

20 世纪 70 年代以来，西方发达国家由于政府的投入和补贴较多，设施农业发展迅速。荷兰、以色列、美国、日本等是设施农业比较发达的国家，在设施环境调控、土壤处理、肥水管理、品种选育等方面进行了全面系统的研究，并形成了完整的设施农业栽培技术体系。

荷兰是全球拥有玻璃温室数量最多、技术最先进的国家，集成化的工业技术在设施农业中被广泛应用。先进的设施环境智能控制系统可根据作物对环境的不同需求，由计算机对设施内的温、光、水、气、肥等环境因子进行全面有效的自动监测与调控，使设施土壤连作障碍不成为影响作物生长的限制因子。

以色列的温室设备材料、微滴灌技术、种植技术及品种选育均属世界一流，灌溉技术更是处于世界领先地位，其高效、节水灌溉系统可有效控制设施内土壤的盐渍化程度。

美国的温室多数为大型连栋温室，主要分布在南方的加利福尼亚州、亚利桑那州和东南的佛罗里达州，在美国北部，只发展冬季不加温的塑料大棚，把温室企业发展中心转移到南方节省了大量能源。在设施栽培综合环境控制技术方面，开发的高压雾化降温、加湿系统以及夏季降温用的湿帘降温系统均处于世界领先水平。

日本是目前全球设施栽培技术先进的国家之一。在发展设施农业的过程中，日本十分关注国外设施农业的发展动向，立足国内的气候和栽培特点，引进、消化、吸收国外先进温室结构和栽培、养殖经验，全面改进和提升日本温室结构与性能，设施农业发展十分迅速。其先进的温室配套设施和综合环境调控技术处于世界先进行列，近年来在组培环境调控和封闭式育苗技术等方面，取得了令人羡慕的成果，开发的设施栽培计算机控制系统可全面地对设施内栽培植物所需环境进行多因素监测控制，其温室设施可以通过计算机将温度、湿度、二氧化碳浓度和肥料用量等控制在最适合植物生长发育的水平，同时，产品采后清选、分级、包装、预冷等作业实现自动化或半自动化操作。

综上所述，国外设施农业已经发展到较高水平，设施园艺、集约化养殖生产已具备相当规模，形成了成套的技术、完整的设施设备和标准化的生产规范，以高投入、高产出、高效益及可持续发展为特征，实现了周年生产和均衡上市。

第三节　我国设施果蔬栽培现状和展望

20 世纪 40—50 年代，我国设施果蔬栽培开始发展，起初设施仅有少量的风障畦、阳畦、简易大棚及土温室。之后，随着面积不断扩大、水平连年提高，出现了改良阳畦、东北立窗式温室、北京改良温室、加温温室等。60—70 年代，塑料大棚和日光温室逐渐推广，并发展了连栋玻璃温室。80 年代，随着设施材料结构、环控设施、栽培设施的不断发展，设施果蔬生产进入规模化。目前有塑料大棚、日光温室、连栋温室和植物工厂四类主体园艺设施，以及配套技术装备体系。其中，塑料大棚在全国的分布较为广泛，而日光温室作为中国北方独有设施类型。我国设施蔬菜种植面积及总产量位居世界前列。其中，小拱棚、塑料大棚、日光温室设施栽培面积约 400 万 hm^2，以土壤栽培为主，主要开展蔬菜、水果和食用菌生产，连栋温室、植物工厂和垂直农场面积较小，约 40 万 hm^2，以无土栽培为主，主要开展蔬菜、水果和花卉生产。

我国设施果蔬产业发展，为解决“菜篮子”问题作出重大贡献。但是，过去数十年为了满足日益增加的反季节果蔬需求，盲目扩大设施栽培面积，导致设施果蔬产业环境资源问题突出。一是适合设施果蔬专用品种等资源短缺，生产技术人员、操作人员缺乏，设施内温湿度调节、水肥管理及病虫害控制能力差，栽培管理档次降低。二是盲目使用农药、化肥，导致水肥药资源浪费，多余的水肥药流失后，污染地下水和土壤，造成土壤板结、盐渍化及重金属和农药残留超标。三是产品附加值低，价格没有保证，变化幅度大。中国设施农业一度大而不强、大而不优、大而不精，产业发展出现了一系列的问题。

近年来，我国科研工作者一直加强相关技术研发，力求解决存在的各种短板，形成适合我国国情的现代设施果蔬生产技术体系。在设施方面，环境精确控制型的智能化连栋玻璃温室和植物工厂逐渐发展；在栽培方面，设施果蔬无土栽培替代土壤栽培已经提上技术研发与产业发展的日程。国际现代设施栽培技术的主流和发展方向的智能化设施无土栽培也逐步形成产业化发展，其能达到周年连续生产、立体多层栽培等高效生产属性，促使设施果蔬生产进入工厂化、规模化，生产效率可提高几倍至数十倍，被广泛应用于农业科技园区等场所，集生产、观赏、体验、科普等多种功效于一体。

第二章　设施类型、结构与性能

随着人们生活水平的提高，生产的发展和科学技术的进步，蔬菜保护地设施由简单到复杂、由初级到高级逐渐发展起来，形成了多样的蔬菜保护地类型。由于设施园艺生产的先进性和高效性，自20世纪80年代以来我国设施园艺发展迅猛，在解决蔬菜周年均衡供给方面发挥了巨大作用。设施园艺按设施类别一般分为人工光植物工厂、太阳光植物工厂、连栋温室、日光温室、塑料大拱棚、塑料小拱棚（遮阳棚），设施的类型、材料、结构与设施成本、性能、环境可控程度、温度缓冲能力直接相关。其中，人工光植物工厂为封闭式生产系统，太阳光植物工厂和连栋温室属于半封闭式生产系统，日光温室、塑料大棚、小拱棚（遮阳棚）等属于密闭性较差的半开放式生产系统，密闭程度更低。封闭式生产系统具有资源利用最大化、优质产品稳产最大化、环境污染物质及残留物零排放和排热最小化的特征。各种设施均有其本身的结构特点和性能。

第一节　小拱棚

一、小拱棚的结构

塑料小拱棚体积小，结构简单、取材方便，初架负荷较轻，一般多用轻型材料建造，如细竹竿、毛竹片、细钢材、直径6~8mm的钢筋或其他能够弯成拱形的材料做骨架，再用塑料薄膜覆盖即成。覆盖的形式大体分为以下几种。

1. 拱圆形小棚

棚架为半圆形，高度约 1m，宽 1.5~2m，长度依地而定，骨架用细竹竿或竹片按棚的宽度将两头插入地下，形成圆拱，两根拱竿相距约 1m，全部拱竿插完后再绑 3~4 道横拉竿，使骨架形成牢固的整体。覆盖薄膜后可在棚顶中央留一条放风口，采用扒缝放风，或不留放风口，只在棚的南北面揭开薄膜的底边进行通风，但这种通风的方式易受冷风，故放风留在顶部或中腰较好。棚的方位，因小棚多用于冬春生产，宜建成东西延长，为了加强防寒保温，棚的北面可加设风障，夜间棚面再加盖草苫，可提早育苗或定植。

2. 半拱圆小棚

棚架为拱圆形小棚的一半，北面为 1m 左右高的土墙或砖墙，南面为半拱圆的棚面。棚的高度为 1.1~1.3m，跨度为 2~2.5m，一般无立柱，跨度大时中间可设 1~2 排立柱，以支撑棚面及负荷草苫。放风口设在棚的南面中腰部，采用扒缝放风，棚的方向以东西延长为好。

3. 双斜面小棚

棚形是三角形或屋脊形，适用于多雨地区。中柱设一排立柱，柱顶上拉一道 8 号铁丝，两侧用竹竿斜立，绑成三角形，可在平地立棚架，棚高 1~1.2m，宽 1.5~2m，也可在棚的四周筑起高 30cm 左右的畦框，在畦上立棚架，覆盖 2 幅薄膜即成，一般不覆盖草苫。建棚的方位为东西延长或南北延长均可。

小拱棚的结构简单、取材方便、用料较省、造价较低，也便于覆盖草苫，防寒保温的效果较好，因此在生产中应用广泛，应用面积大于塑料大棚。

二、小拱棚的性能

小拱棚白天受太阳照射，使棚内升温、积温，土壤吸收并贮存热量，夜间土壤虽然进行热辐射，但由于薄膜及草苫覆盖减缓了棚内外冷热空气的交换，使棚内较长时间维持一定的温度。

棚内的热源仅是日光热，造成小拱棚的温度季节性变化较大，昼夜温差也较大，日温变化剧烈，棚温忽高忽低。当外界气温升高时，棚内增温显著，最大增温能力可达 30℃以上。雨雪天、低温期或夜间缺少光热时，棚内最低温度仅比露地提高 1~3℃，遇有寒流极易发生霜冻。鉴于小拱棚的温度变化较大，且不稳定，在栽培期间，必须加强棚温管理。

小拱棚的光照情况与膜的新旧、水滴的有无、污染有无以及棚型结构等有较大关系，并且不同部位的光量分布也不同，小拱棚南北的透光率差为 7%左右。

小拱棚覆盖薄膜后，因土壤蒸发、植株蒸腾造成棚内高湿，一般棚内空气相对湿度可达 10%~70%，白天进行通风时相对湿度可保持在 40%~60%，比露地高 20%左右。棚内相对湿度的变化与棚内温度有关，当棚温升高时，相对湿度降低；棚温降低时，则相对湿度升高；白天湿度低，夜间湿度高；晴天低，阴天高。棚内湿度高是病害发生的重要条件，因此在栽培管理期间必须注意通风换气，以保持蔬菜生长适宜的湿度条件。

三、小拱棚的应用

小拱棚多用于春秋季蔬菜生产。早春栽培能够利用草苫覆盖保温，可比大棚栽培稍提早，而秋季可比大棚稍延迟。早春可种植黄瓜、西瓜、番茄、茄子、辣椒、豇豆、菜豆、甘蓝、花椰菜等多种蔬菜，秋延后可种植番茄、辣椒、茄子等，冬季可种植耐寒性较强的蔬菜，例如韭菜、芹菜、芫荽、蒜苗、花椰菜等。也可用于春季育苗，为露地培育黄瓜、番茄、茄子、辣椒、甘蓝、花椰菜等菜苗。

第二节 大 棚

一、大棚的类型

目前，我国塑料大棚的类型较多，分类方法尚未统一，各地叫法也不一致。根据棚顶的形状可分为拱圆型和屋脊型；根据连接方式的不同和栋数的多少分为单栋型和连栋型；根据建材的不同可分为全竹、竹木、水泥柱竹木、全钢、钢木、钢筋水泥柱、全塑、GRC 等类型；根据使用年限的长短可分为永久型和临时型。

各种类型的大棚特点不同，建棚者可根据当地的气候条件、栽培季节、建材来源、经济实力等灵活选择，20 世纪以单栋竹木结构和水泥柱竹木结构大棚为主，目前以全钢材型单栋、连栋大棚为主。

二、大棚的结构

1. 拱圆型大棚的结构

该类型的大棚是用竹木、圆钢或锌钢管、水泥或 GRC 预制件等为材料，制成弧型或半椭圆型棚体骨架，其内部结构又分两种，一种有立柱、拉杆、吊柱，另一种无立柱，有拉杆、吊柱。上面覆薄膜再用压杆、拉丝或压膜线等固定紧，形成完整的大棚。

2. 屋脊型双斜面大棚的结构

该类大棚的顶部呈“人”字形，棚端和两侧与地面垂直而且较高，外观很像一幢房子，其建材多为角钢。

三、大棚的性能

1. 透光性

塑料大棚新膜的透光率一般为 75%~85%，稍低于玻璃（80%~90%）。但是塑料薄膜大棚可以全面受光，光照时间长，通光量大，能提高室温，增加蔬菜色素，有利光合作用，促进蔬菜良好发育。

2. 保温性

塑料薄膜的热传导率低，导热系数是4，仅为玻璃的1/4。透过薄膜的光照射到地面所产生的辐射热散发慢，因而大棚的保温性能好。

3. 保湿性

塑料薄膜质地紧密平滑，不透水，不透气。在不漏气的情况下，整个大棚基本上是一个密闭的整体，白天由于蒸发和蒸腾而产生的水汽散失很少，夜间遇冷在棚膜内面形成水球又复落地面，使棚内经常保持较高的空气湿度和土壤湿度。

4. 可塑性

大棚薄膜的厚度为0.1~0.12mm，质韧而强度较大，一般$1cm^2$负荷量为0.19kg以上。在压杆固定好的情况下可抗8~9级大风，棚面积雪20~25cm厚不致压垮。个别地方破损后可用粘合剂粘补。

5. 化学性

薄膜耐酸、耐碱、耐油、耐腐蚀性强，棚内喷洒农药、施用化肥不会引起薄膜变质。

四、大棚的建造

1. 场地的选择

建棚场地应选在背风向阳、地势高燥、空气流畅、土壤肥沃、排灌方便、电源充足、交通便利的村庄附近。

2. 规格

经过多年的生产实践，目前一般以长度70~100m、跨度8~12m、顶高2.8~3m、面积$600m^2$左右较为适宜。

3. 方位

以南北延长为好，其优点是日照均匀，上午、下午棚内两侧温差较小，利于蔬菜的生长，此外，它与风向基本一致，阻力小，不易遭风灾。若地块不适宜时可东西向延长，但应在北侧架设风障或建成一面坡式为好。

五、大棚蔬菜的茬次安排

科学安排大棚蔬菜的种植茬次实现一年排开播种、均衡上市，是发挥大棚生产的优势、提高经济效益的重要环节。目前，大棚蔬菜的茬次安排有两种方式。

1. 早春茬→秋延后→越冬茬

（1）早春茬　以黄瓜、辣椒、西瓜、厚皮甜瓜和果菜为主，12月至1月初育苗，2月中旬至3月上旬定植，4月上中旬开始上市，6月中下旬拉秧。

（2）秋延后　主要种植厚皮甜瓜、辣椒、番茄、黄瓜等，6月至7月初遮阴育苗，7月中下旬开始定植，10月中旬扣膜，10月至11月中下旬拉秧。

（3）越冬青菜　根据市场需求和早春茬安排，可以选择多种叶菜类直播或育苗种植。

这种三茬方式的优点是：一次覆膜收三茬，提高了大棚的利用率，达到了春提前秋延后的效果，上市价格较好。

2. 早春茬→夏茬→秋冬茬

（1）早春黄瓜　元月上旬育苗，3月上旬定植，3月底至4月初开始上市，6月中下旬拉秧。

（2）夏甘蓝　5月上旬育苗，6月中下旬早春茬拉秧后定植，8月中旬开始采收上市，9月上中旬结束。

（3）秋冬芹菜　6月中下旬育苗，9月上中旬定植，10月下旬扣棚，元旦至春节分批采收上市。采后随即深翻冻垡。

这种接茬方式的优点是：接茬比较松，夏甘蓝攻秋淡，秋冬茬保节日，早春茬解决春淡。其不足之处是秋冬茬不能安排瓜果类蔬菜，效益不及一年三茬。

有条件的每茬可进行间混套作，如早春茬主菜行间可间作萝卜，可混作荆芥。大棚种茄果类、西葫芦时可在每一立柱下再点2~3棵菜豆等，以增加收入，提高效益。

第三节　日光温室

日光温室是依靠自然光照增温进行蔬菜生产的一种保护地形式，它的主要特点是采光增温、保温效果好，春提前和秋延后时间更长，生产的蔬菜正赶上淡季上市，经济效益和社会效益显著。因此，目前日光温室已在我国北方各地推广应用，面积逐年扩大。

一、日光温室的结构

目前，我国北方各地都有日光温室，但由于各地的气候条件、栽培习惯、技术水平不同，往往形成了各具特点的结构类型和利用方式。根据前屋面的形状，日光温室大体上可分为两类：一类是半拱圆形屋面温室，多分布在辽宁中北部以及吉林、黑龙江、内蒙古、宁夏、河北、山西、河南一带，这类温室的优点是采光好、空间大和便于压紧农膜。另一类是一坡一立式屋面温室，多分布在辽宁南部和山东、河南及江苏一带，该类温室前部低矮，且薄膜不易压紧。在这两类温室中，又有很多结构、规格不同的温室。目前，我国各地日光温室结构类型很多，建筑规格也不完全统一，但根据其结构特点，大致上可分为长后坡矮后墙半拱圆形日光温室、短后坡高后墙半拱圆形日光温室、一坡一立式日光温室以及半地下式日光温室等。不同类型的日光温室因其结构的差异，保温性、采光性又各有不同。各地在从事日光温室设计和建造时，应在遵循温室设计原理的基础上，充分考虑当地的气候环境特点而采用适宜的日光温室构型。

现从不同方面选择几种有代表性的日光温室类型加以介绍。

1. 传统日光温室

流行于20世纪，有河北永年式日光温室、辽宁瓦房店双面斜式日光温室、“GRC”型日光温室，骨架以竹木结构、钢架为主，后屋面由混凝土和砖墙、土墙混合构成，内设有中柱，后坡由柁和檩或混凝土预制板支撑，其上覆盖有草泥、柴草和玉米秸捆保温，有的在上面盖一层塑料薄膜或抹一层草泥防雨雪。

2. 新型日光温室

目前，常用的日光温室有土墙钢架日光温室、砖墙钢架日光温室、钢架加棉被钢架日光温室。后屋面和拱棚以钢架为主，内部立柱减少，建造方便、持续使用期长，前坡拱面拱度增大，采光性好。晚上保温以棉被为主，配置有电动卷被设备。

3. 下挖日光温室和平面日光温室

根据地面处理分为下挖日光温室和平面日光温室。下挖日光温室是将室内地面下挖0.8~1m，有利于低温提高和保温，平面日光温室是直接在地平面安装棚架，室内与外界地面持平。

二、日光温室的性能

1. 采光性

日光温室的光照主要来自太阳辐射。由于塑料薄膜的反光和吸收作用，日光温室的光照强度都明显低于自然界，新薄膜的透光率一般为80%~90%，吸尘老化后的旧膜透光率只有60%~70%，甚至更低。尤其是聚氯乙烯膜，虽然新膜透光性较好，但由于膜面黏性大，吸尘严重，使用一段时间后透光性急剧下降。采用双层膜覆盖，虽保温性能增强，但透光率要差。

近年来，国内许多厂家研制出了多功能长寿无滴膜，具有保温性能好、耐老化性好、机械强度高、透光率高、无水滴等优点，使用无滴长寿膜覆盖日光温室一般可比普通膜高2~4℃。

日光温室内的光照强度既与室外自然光有关，又和温室结构（包括方位、屋面角度、骨架遮阴等）有关，还和薄膜的透光能力及其污染（尘埃、水滴）、老化程度有关。所以，建造日光温室时，必须采取合理的建造方位，尽量减少骨架材料的遮阴，前屋面具有合理的角度（一般应大到23°~25°），选用透光率高，无滴、防尘、耐老化的优质薄膜。

日光温室内光照分布不均匀，前后差异较大，后坡下为弱光区，南坡下为强光区。东西方向光照差异较小，但在温室的两侧，由于山墙的影响，午前东部光照强度小于西部，午后则相反。中部是全白天光照最好的区域。在垂直方向上光强有所差异，一般自上而下递减，上部光强相当于自然光的80%，0.5～1m高处为60%，接近地面20cm处只有50%～55%，在后坡下的弱光区，水平方向上光照自南向北大幅减弱，垂直方向上光照分布上下强而中间弱。因此，在日光温室内安排作物时，一般在强光区种植喜光作物，例如黄瓜、番茄、茄子、辣椒等，而在弱光区只能种植耐阴作物，例如芹菜、蒜苗、韭菜、食用菌等。

日光温室的光照强度有明显的日变化，晴天早晨揭苫或棉被后，随室外光照的增强而增强，11时前后达到最大值，而后逐渐减弱，到盖草苫或棉被时最低。阴天室内日变化不明显，因此要想延长光照时间，必须适时揭盖草苫或棉被，使室内透进散射光。

2. 保温性

日光温室的热量支出，主要通过三条途径，即贯流放热、地中传热和缝隙放热。要提高日光温室的保温性，就必须从减少这三项热量支出入手，特别是减少其中的贯流放热尤为重要。因此，在建造日光温室时，后墙、山墙、后坡采用保温性能好的材料并适当加大厚度都可以加强绝热能力，提高温室的保温性能。后坡用玉米秸秆、碎草、草泥或多层棉被层层压紧，并在后墙外培土，以减少温室的放热量。

对于前坡，夜间采用草苫、棉被覆盖，并注意草苫、棉被的厚度和密度，必要时还应在室内加盖二层薄膜或小拱棚等。

为了减少土壤横向热传导的损失，应在温室前沿设置防寒沟，有防寒沟的地温可比没防寒沟的提高3～4℃。

为了减少缝隙放热量，在温室建造和管理当中应注意堵塞各种缝隙，并尽量减少冷风的渗入。

3. 保湿性

日光温室在进行蔬菜生产时，四周封闭较严，所以温室内湿度一般都比较大，这就使温室管理具有自己的特点。日光温室湿度包括土壤湿度和空气湿度。

温室土壤水分主要来源于温室闲时自然降水和扣膜后人工灌水。温室内土壤水分消耗主要有两条途径：一是作物蒸腾，二是地面蒸发。作物蒸腾和地面蒸发到空气中的水分，可以通过缝隙或通风排掉，也会被植株生长以及温室干燥部分的吸收消耗掉一部分。在冬季较为密闭的室内，水汽与冷的棚膜接触时，在内表聚成水滴，有的滴落到地表形成水分循环。水滴经常滴落部位易使植株出现沤根，引起病害和徒长。所以，目前生产上多采用无滴膜。由于日光温室内土壤水分散发慢，所以浇水次数比露地少，且浇水量小。

温室空气湿度可反映温室空气中水分含量的多少，一般用相对湿度来表示。空气湿度大是温室环境一个主要特点，日光温室内常常出现高湿条件，一般湿度都在90%左右，夜间、阴天或刚浇过水后空气湿度常处于饱和状态。高湿的环境对蔬菜生长不利，且易引起病害的发生和蔓延。因此，在生产中可以采用地膜覆盖、地面铺草、改明浇为膜下滴灌、及时中耕放墒、撒干土及通风排湿等手段来控制室内湿度，以促进蔬菜正常生长。

三、日光温室的建造方法

1. 场地的选择与规划

日光温室始于农家庭院，近年来，已由庭院转向了大田，逐步发展到连片成群集约生产。因此，在大田联片成群建造日光温室时，应注意选择好场地。日光温室宜建在地下水位低、土壤肥沃、有浇水条件、背风向阳、无高大树木和建筑物遮阴的地方，且要求交通方便，避免建在污染严重的地块上。如在附近有烟囱、尘土飞扬的路面等地方修建日光温室，薄膜污染严重，影响透光。实践证明，在远郊县（镇）发展日光温室比较有利。

日光温室一般坐北朝南，东西延长。净跨度传统的为6~7m，加上后墙、防寒沟等，实际占地8~9m；现代的多为10~12m，加上后墙、防寒沟等，实际占地12~15m。东西长度一般不限，但太短会由于两山墙的轮替遮阴，降低生产效益，太长又不便于管理，所以，适宜长度一般为80~100m。南北两排间的距离应当保持4~6m。东西两栋温室之间也应留有2~3m的通道。总之，修建温室时，要从实际出发，合理地进行选择和规划。

2. 基地规格与建造方法

日光温室主要结构包括后墙、山墙、后坡、前屋面和覆盖物等。

（1）后墙　后墙除支撑后坡外，还起到防风御寒的作用，因此，后墙的建造要求比较严格。后墙一般有泥垛墙、砖墙、钢架+棉被3种。泥垛墙厚度要求为底宽0.7~1m，上宽0.5~0.7m，高1~1.5m；砖墙一般应为夹层墙，外为24cm厚的砖墙，中间空12cm，内填炉渣、煤灰或干锯末，内层为12cm厚的砖墙，高1.5~1.8m，要求内外用泥涂严，并在墙体外堆土或者柴草，以增加保温能力；钢架+棉被一般用4层棉托加塑料膜做成的专用棉被。

（2）山墙　山墙是承担和固定脊檩的地方。其形状如同温室的横断面，最高处距地面2.4~3m，一般由温室的高度来定。结构根据后墙种类一体建造。

（3）后坡　土式后坡一般由柁、中柱、檩、玉米秸秆、草泥和柴草等物料构成。后坡长3m，柁、中柱、檩三者之间牢牢固定，以防在生产中倒塌。三者固定后，先把玉米秸捆铺上，进行绑缚固定，然后加2cm厚的草泥，第一层泥稍干后再加上2cm厚的草泥，其上再铺一层20~30cm厚的柴草，柴草上面放一层玉米秸捆，总计大约可达50cm，保温性能较好。

另一种后坡是用钢筋混凝土预制构成，主要部件是预制顶柱、预制檩和预制板，三者固定后上铺盖1层草泥或用水泥硬化，其使用年限长，但投资较大。

目前，常用的钢架加棉被，一般与后墙连体建造。

（4）前屋面　前屋面是由拱架、薄膜、压膜线、无纺布棉被或草苫等组成。①拱架：拱架分竹木、混凝土拱杆、钢架结构 3 种骨架，不同材料使用密度不同，南北安装，北部与后坡连体，南部在地面挖穴打入混凝土地基后埋入 20cm 左右。②装压膜线：压膜线的作用是压紧薄膜，防止风吹鼓膜。过去压膜线采用铅丝或尼龙绳，目前多改为压膜带，因为压膜带强度大，伸缩性小，对棚膜无损伤，一般可用 3 年。装压膜线前应先埋好地锚，地锚有多种形式，一般多用铅丝上拴 1 个木橛或砖头埋入地下 30cm 深处，另一头露出地面拧有圆圈备用，压线的上端固定在脊檩上或檩上的另一道横杆上。扣膜前先将压膜线放在一边。③扣膜：目前多用 0.08～0.12mm 的农膜，聚乙烯和聚氯乙烯膜均可使用，但以无滴长寿膜最好，幅宽视温室跨度而定。扣膜时选择无风天气，将膜拉紧后用压膜线固定即可。④草苫与棉被：草苫或棉被是日光温室的主要保温材料。其中，草苫可用蒲草、稻草或谷草编织而成，宽度为 1.5～2m，长度视跨度而定，编织草苫时，要求密而厚，以增强保温性。棉被不透明，一般用 4 层无纺布加塑料膜制成，2 层也行。

（5）防寒沟　防寒沟是阻止和减缓室内外土壤传热的有效措施，一般多设在温室前，沟宽 30cm，沟深 50cm，沟内填有碎草或马粪，拍实后盖土或加盖地膜防水渗入。

（6）进出口　为了管理方便，便于农机进入，在温室的山墙处设 1 个进出口，宽为 2m，高为 2m。为防止冷气进入室内，门前吊门帘，或盖 1 个耳房。

（7）通风口的开设　为了便于调节室内温湿度和进行空气交换，建造温室时必须考虑到通风口的设置，通过塑料薄膜通风，即在两幅膜相互重叠处放风。除此之外，还可在后墙或山墙挖一定数量的通风口，一般直径为 20cm 见方，需要通风时打开，不需要通风时堵住。就一般温室而言，通风口面积需占整个棚膜面积的 5%～6%，春季应占 20%，但目前生产上常采用较小的通风面积，冬季 0.29%～0.3%，春季只有 10%。在生产不同的蔬菜时，通风面积的大小应根据其要求的温湿条件适当掌握。

四、茬次安排

合理安排茬口是提高日光温室经济效益的主要途径。近几年来，日光温室数量越来越多，适宜栽培的蔬菜种类也不断增加。目前，生产上茬口安排主要有以下几种。

1. 秋冬黄瓜→冬春黄瓜

即秋冬和冬春两茬都生产黄瓜，秋冬茬黄瓜于8月底至9月初露地育苗，9月中下旬定植，10月上旬扣膜，10月下旬至12月收获，有的可以延长到元月上旬。冬春茬黄瓜于11月中旬至12月上旬育苗，1月中旬至2月上旬定植，早的2月下旬开始收获，直到6月，拔秧后休闲。

2. 番茄→黄瓜→豆角

番茄于8月上中旬育苗，9月上中旬定植，10月上旬扣膜，11月上旬到翌年1月上旬收获。在同温室内11月中旬至12月上旬育下茬黄瓜苗，翌年1月下旬至2月上旬定植，2月下旬至3月上旬开始收获，6月拉秧后种一茬夏豆角。

3. 冬芹菜→春黄瓜→秋番茄

芹菜7月中下旬播种，8月中下旬定植，春节收获。春黄瓜于12月上中旬温室育苗，翌年2月上中旬定植，3月中旬开始收获，直到6月底。拉秧后短期休闲。秋番茄于8月上旬育苗，9月上旬定植。11月上旬至翌年1月上旬采收上市。

4. 韭菜（芹菜）→茄果蔬菜

秋冬连续生产韭菜或栽植芹菜，春节前后收割韭菜或铲除芹菜。定植春番茄，也可定植黄瓜、辣椒或茄子。

5. 蒜苗→黄瓜或番茄

蒜苗从10月上旬扣膜后可以连续生产，下茬黄瓜或番茄于11月中下旬育苗，翌年1月中下旬定植，3月上中旬收获。

6. 越冬番茄→蔬菜

9—10 月育苗，10—11 月定植，到翌年 1—2 月开始收获，5—6 月收获结束，结合需求安排一茬夏秋蔬菜。

7. 育苗生产兼用

近郊菜农，用苗数量大，可以育苗与生产兼用，从 12 月上旬至 2 月上旬均可用来育苗，2 月中旬定植春黄瓜或番茄。扩大行距，行间可以移植辣椒苗或茄子苗。

第四节 其他设施

一、智能化温室大棚

智能化温室大棚，是以全面感知、可靠传输和智能处理等物联网技术为支撑和手段，以温室大棚的自动化生产、最优化控制、智能化管理为主要目标的农业物联网的具体应用，也是目前应用需求最为迫切的设施之一。温室大棚以日光温室为主，温室结构简易，环境控制能力低。我国温室大棚的技术装备尽管有了较大发展，但是温室大棚种植普遍管理粗放、技术设施落实不到位、智能化水平低，导致单位生产效率低、投入产出比不高、农业产品质量安全水平起伏较大的现状，在温室环境、栽培管理技术、生物技术、人工智能技术、网络信息技术等方面和发达国家存在着较大差距。我国建设在南方的大型智能温室以生产花卉为主，北方的则以栽培蔬菜为主，少部分智能温室用于栽培苗木。

目前，智能温室大棚主体骨架多为热镀锌型组装、覆盖材料，配置自然通风系统、强制通风系统、内遮阳系统、外遮阳系统、环流风机系统、加热系统、补光系统、配电系统、监控系统、智能控制系统等。智能化大棚是一个半封闭系统，依靠覆盖材料形成与外界相对隔离的室内空间，一方面要以通风换气创造植物生长优于室外自然环境的条件；另一方面，室内产生的高温高湿和低二氧化碳浓度，通过通风换气来调控创造植物生长的最佳环境。

1. 智能化温室大棚结构

（1）物联网感知层　智能温室大棚物联网的应用一般通过土壤、气象、光照等传感器的感知，实现对温室的温、水、肥、电、热、气、光进行实时调控与记录，保证温室内的有机蔬菜和花卉生长环境良好。

（2）物联网传输层　一般情况下，在温室内部通过无线终端，实现实时远程监控温室环境和作物生长情况。通过手机网络和短信的方式，监测温室传感器网络所采集的信息，以作物生长模拟技术和传感器网络技术为基础，通过常见蔬菜生长模型和嵌入式模型的低成本智能网络终端。通过中继网关和远程服务器双向通信，服务器也可以进一步作出决策分析，对所部署的温室中灌溉装备等进行远程管理控制。

（3）物联网智能处理层　对获取信息的共享、交换、融合，获得最优和全方位的准确数据信息，实现对智能温室大棚作物的施肥、灌溉、播种、收获等的决策管理和指导。基于作物长势和病虫害等相关图形图像处理技术，将大棚作物的长势及时地传输到信息处理平台，信息处理平台实时显示各个温室的环境状况，根据系统预设的阈值，控制通风、加热、降温等设备，达到温室内环境可知、可控。

2. 智能温室的降温措施

（1）加大通风的面积　在智能温室的顶部可以使用连续蝶式开窗可以有效加大通风的面积，同时还可加大温室四周的侧窗通风面积。在春秋不太热的季节，通过侧窗和顶窗的空气流通就能达到很好的降温作用。

（2）地下水循环降温　地下水平均温度为9~12℃，可以在暖气管道上安装地下水循环的切换装置，冬季可以采用锅炉加热，夏季主要采用地下水降温。利用地下的凉水通过表冷器的循环流动，可以达到夜间的良好降温效果，同时还不增加温室内空气湿度。

（3）雾喷加引风机　在炎热的夏季自然通风达不到降温效果时，采用室内雾喷以及在温室的一侧安装引风机可以有效强制通风降温，此时智能温室里的温度也会比较均匀，使用寿命也比温帘要长很多。

（4）外遮阳　能有效阻挡直射作物的强光，同时还不会影响到室内的自然通风，降温效果良好，但是对遮阳材料的要求很高。

二、玻璃温室

玻璃温室是以玻璃作采光材料的温室，属于温室大棚的一种。在栽培设施中，玻璃温室作为使用寿命最长的一种形式，适合于多种地区和各种气候条件下使用。温室是以采光覆盖材料作为全部或部分围护结构材料，可在冬季或其他不适宜露地植物生长的季节供栽培植物的建筑。室内温室栽培装置，包括栽种槽、供水系统、温控系统、辅助照明系统及湿度控制系统，其中，栽种槽设于窗底或做成隔屏状，供栽种植物；供水系统自动适时适量供给水分；温控系统包括排风扇、热风扇温度感应器及恒温系统控制箱，以适时调节温度；辅助照明系统包含植物灯及反射镜，装于栽种槽周边，于无日光时提供照明，使植物进行光合作用并经光线的折射作用而呈现出美丽景观；湿度控制系统配合排风扇而调节湿度及降低室内温度。行业内以跨度与开间的尺寸大小分为不同的建设型号，又以不同的使用方式分为蔬菜玻璃温室、花卉玻璃温室、育苗玻璃温室、生态玻璃温室、科研玻璃温室、立体玻璃温室、异形玻璃温室、休闲玻璃温室、智能玻璃温室等。其面积与使用方式可自由调配，最小的有庭院休闲型的，大的高度可达10m以上，跨度可达16m，开间最大可达10m，智能程度可达到一键控制。玻璃温室的冬季采暖问题可采用多种供暖方式，其能耗费用适中，大都能接受。

1. 玻璃温室结构

（1）基础分类　玻璃温室基础分独立柱基础和条形基础两种。独立基础可用于内柱或边柱，条形基础主要用于侧墙和内隔墙。①独立基础。通常利用钢筋混凝土。从施工方法上分，独立基础分为全现浇和部分现浇两种方式，现浇采用施工现场支模、整体浇筑的方法进行，部分现浇方式采用基础短柱预制、基础垫层现场浇的方式进行。两种方式可根据具体情况选择采用。现浇方式具有整体性好、造价较低的特点；部分现浇方式造价较高但施工速度快，施工质量较易保证。②条形基础。通常采用砌体结构（砖、石），施工也采用现场砌筑的方式进行，基础顶部常设置一钢筋混凝土圈梁以安装埋件和增加基础刚度。此外，侧墙基础也可以采用独立基础与条形基础混合使用的方式两类基础底面可位于同一标高处，也可根据承力情况和作用设置在不同标高处，独立基础承担温室柱底传来的力，条形基础仅作为分隔构件的一部分使用。

基础在设计之前，应对建设场区的地质资料进行认真分析，一是场区地质勘察报告（用于重要的大型温室项目）；二是施工现场测试（用于一般项目）；三是根据经验和附近项目的参考地质资料（用于小型项目）。基础设计时除满足强度的要求外，还应具有足够的稳定性和抵抗不均匀沉降的能力，与柱间支撑相连的基础还应具有足够的传递水平力的作用和空间稳定性。温室底面应位于冻土层以下，采暖温室可根据气候和土质情况考虑采暖对基础冻深的影响。一般基础底部应低于室外地面 0.5m 以上，基础顶面与室外地面的距离应大于 0.1m，以防止基础外露和对栽培的不良影响。除特殊要求外，温室基础顶面与室内地面的距离宜大于 0.4m。与温室钢结构连接的埋件均设置在基础顶部，埋件的设计也是基础设计中一个重要的组成部分。埋件与上部结构连接方式主要有铰接、固结及弹性连接等方式。根据连接方式的不同，设计和构造方法也不同，但所有埋件必须保证与基础的良好连接并保证将上部结构传来的力正确地传给基础。

注意事项　基础施工时应保证其柱高和轴线位置的正确性，设备、管道洞口和安装要及时埋设，严禁施工后再凿，破坏基础。

（2）钢结构　主要包括温室承重结构和保证结构稳定性所设的支撑、连接件、坚固件等。

钢结构用材主要为冷弯薄壁型钢和热轧型钢，除少量构件采用高强钢外，其余钢材均采用 A3F。玻璃温室钢骨架一般由专业化工厂生产。由于温室构件长期处于室内高湿度环境下，故所有结构构件均应进行防腐处理。通常采用热浸镀锌的方法进行处理。为保证防腐处理效果，所有构件均应在加工后再进行防腐操作。不允许在现场对温室材料进行割、锯、焊等操作，如有少量的现场操作亦需对其进行防腐补强处理，在加工或创口处喷防腐剂等。骨架安装时应严格按照图纸和有关标准、规范及规定进行。国内已完成了双坡玻璃温室主体结构的行业标准正式颁布后可作为玻璃温室钢结构施工的依据之一。现阶段施工主要以 GB 50017—2003《钢结构设计规范》和 GB 50018—2002《冷弯薄壁型钢结构技术规范》作为主要施工参考依据。

注意事项　我国尚未有专门的温室设计规范，玻璃温室钢结构的设计主要参考荷兰（NEN3859、NEN3860）、日本（园艺设施结构安全标准）和美国（NGMA）等国的温室设计规范进行。但在设计中必考虑结构强度、结构刚度、结构整体性和结构耐久性等问题。

（3）铝合金　铝合金作为玻璃温室主要镶嵌和覆盖支撑构件，其主要功能：一是与橡胶密封件配合，作为玻璃室覆盖物密封系统的一部分；二是单独使用，作为温室屋面支撑构件和密封构件；三是作为天沟使用。

设计要求　主体部分主要满足强度和刚度方面的要求，支座部分作为玻璃的支撑主要预留一些通长支撑槽或镶嵌槽，镶嵌部分位于玻璃外侧的部分需设有专门用于安装橡胶密封的凹槽，可用于固定橡胶密封件，也可与小型铝合金或不锈钢件配合固定玻璃。

2. 玻璃温室性能

（1）玻璃温室通风　玻璃温室通风目的主要是为了排除温室的余热及温室内的水分，调整温室内空气成分，排除有害气体，使温室内的温度、湿度和空气等环境条件适宜植物生长的要求。①自然通风，玻璃温室大部分时间依靠自然通风调节室内环境。大型生产性玻璃温室的结构形式一般为双坡面连栋温室通风形式，即在侧墙和屋脊设置通风窗。其通风总面积不小于温室地面积的15%，最好大于30%。屋脊风窗开启时，窗扇最好可以超过水平面向上倾斜，全打开时与水平面形成100°，则可获得良好的通风效果。自然通风的通风量与风速、风向，通风窗位置、面积以及温室内外温度差有关。当通风窗总面积为室内地面积的27%时，若只有屋脊通风，即使室外风速达到10km/h，也达不到0.75次/min理想换气率，当屋脊通风窗和侧墙通风窗全打开时，在几乎无风的情况下，换气率也能达到0.68次/min，接近正常推荐的0.75次/min换气率。②强制通风，玻璃温室虽然大部分时间依靠自然通风来调节环境，但在夏季气温较高时，尤其室外温度超过33℃以上的炎热天气，单靠自然通风难以满足室降温要求，应采用强制通风并配合其他措施进行降温，是生产中常用的手段。强制通风是采用风机将电能或其他机械能转化为风能，强迫空气流动来温室换气并达到降温效果。强制通风的理论极限为室内空气温度等于室外空气温度。因为，此时的温室内外温差为0，通风量为无穷大，在实际应用中是不可能的，由于机械设备和植物生理上的原因，一般温室的通风强度为换气0.75~1.5次/min，能够控制温室内外的温差在5℃以内。

（2）玻璃温室加温　在我国北方地区的玻璃温室，需要冬季加温，否则冬季不能生产。温室加温时间长短不一样，在东北地区加温时间需要5~6个月，在华北地区需要3~5个月。在南方地区种植花卉或育苗也需要进行加温或临时补温。①热水加温，热水加温系统由热水锅炉、供热管和散热设备3个基本部分组成，其工作过程是用锅炉将水加热，然后由水泵加压，热水通过供热管道供给温室内的散热器，通过散热器来加温，提高温室的温度，冷却的热水回到锅炉再加热重复循环。热水采暖系统运行稳定可靠，是玻璃温室目前最常用的暖方式。②热风加温，热风加温系统由热源、空气换热器、风机和送风管道组成。其工作过程为：由热源提供的热量加热空气换气器，用风机强迫温室内的部分空气流过空气换热器这样不断循环进行温室加热。热风加热系统的热源可以是燃油、燃气、燃煤装置或电加热器，也可以是热水或蒸汽。热源不同，热风加温设备安装形式也不一样。蒸汽、电热或热水式加温系统的空气换热器安装在温室内与风机配合直接提供热风。燃油、燃气式的加热装置安装在温室内，燃烧后的烟气排放到温室内。燃煤热风炉一般体积较大，使用中也比较脏，一般都安装在温室外面。为了使热风在温室内均匀分布，由通风机将热空气送入通风管。③电加温，较常见的电加温方式是将地热线埋在地下，用来提高地温，主要用于温室育苗。电能是最清洁、方便的能源，但电能是二次能源，本身比较贵，因此只能作为一种临时加温措施短期使用。

（3）玻璃温室的节能 温室的热量散失主要通过以下途径，即通过玻璃围护结构传导散热，可占总散热损失的70%～80%；向天空辐射散热；通风散热；空气渗透散热；地中传热。温室节能就是要减少温室的散热量，其有效办法是安装保温幕，可降低夜间的热损耗。在满足作物光照的前提下最好安装双层透光材料，其热损耗可减少50%。采用防寒沟，填上保温材料减少地中传热也十分有效。

（4）玻璃温室降温 在我国大部分地区，夏季炎热，温度较高，室外温度在30℃以上时，温室内部温度超过了40℃。如果仅靠通风，温室内温度仍在35℃以上，温室内就不能进行正常生产，必须配合采用其他的降温方法来降低室内温度。①遮阴降温，是利用不透光或透光率低的材料遮阳降光，阻止多余的太阳辐射进入温室，既能够保证作物正常生长，又能够降低温室的温度。由于遮阴材料不同和安装方式的差异，一般可降低温室温度3～10℃。遮阴方法有室内遮阴和室外遮阴。室内遮阴系统是在温室骨架拉接金属线或塑料网线作的支撑系统，将遮阳网安装在托膜线上。一般采用电动控制或手动控制。室外遮阴系统是在温室骨架外另安装一遮阴骨架，将遮阳网安装在骨架上，遮阳网可以用拉幕机构或卷膜机构带动，自由开闭。遮阳网室外安装降温效果好，可直接将太阳能阻隔在温室外，各种类型的遮阳网都可使用。②蒸发降温，蒸发降温是利用空气的不饱和性和水的蒸发潜热来降温。当空气中所含水分没有达到饱和时，水分会蒸发变成水蒸气进入空气中，水蒸发的同时，吸收空气中的热量，降低空气的温度，提高空气湿度。蒸发降温过程中必须保证温室内外空气流动，将温室内高温、高湿的气体排出温室，并补充新鲜空气，因此必须采取强制通风的方法。目前采用发降温的方法有湿帘、风机降温和喷雾降温。③屋顶喷淋降温系统，即将水均匀地喷洒在玻璃温室的屋面来降低温室的温度。当水在玻璃温室屋面上流动时，水与温室屋面的玻璃换热，将温室内的热量带走，另外当水膜厚度大于 0. 2mm 时，太阳辐射的能量全部被水膜吸收并带走，这一点相当于遮阴。

3. 玻璃温室的优势

玻璃温室的冬季采暖问题可采用多种供暖方式解决，其能耗费用居中，大都能接受。玻璃温室结构主要包括温室基础、温室钢结构和铝合金结构等。

玻璃温室的优势：采光面积大，光照均匀；使用时间长、强度比较高；具有极强的防腐性、阻燃性；90%以上的透光，且不随时间衰减。

第三章　设施果蔬栽培模式

第一节　土壤栽培

一、土壤的概念

土壤是作物生长发育的基地。作物生育过程中所需的水分、养料、空气和热量等，全部或部分地由土壤供给。各种农业措施，例如耕作、施肥、灌排等，也大都需要通过土壤才能起作用。因此，土壤是整个农业生产的基础和最基本的生产资料。

什么叫土壤？“土壤是能够产生植物收获物的地球陆地疏松的表层。”苏联土壤学家威廉斯给土壤所下的这个定义，是一个比较完整的科学概念，既指出了能够产生植物收获物是土壤最基本的性质，也说明了土壤所处的位置和表现的形态。

土壤能够满足植物需求而且产生收获物，主要是因为它具有肥力。所谓肥力，就是同时而且不断地满足和调节植物对水、肥、气、热等生活条件要求的能力，土壤肥力是土壤物理、化学、生物等性质的综合反映，土壤中的各种肥力因素不是孤立的，而是相互联系、相互制约的，土壤肥力的高低，不仅决定于诸肥力因素的消长，而且决定于诸肥力因素的相互协调状态，土壤肥力是各种土壤所共有的和区别于其他物质的本质特征。

二、土壤栽培

土壤栽培是在具有一定肥力土壤上进行植物栽种并产生收获物的过程，分为露地栽培和设施栽培。

设施栽培是指在露地不适于作物生长的季节或地区，利用温室等保护设施创造适于作物生长的小气候环境，有计划地生产优质、高效园艺产品的一种栽培方式。它是与露地栽培相对应的一种生产方式，与露地栽培的根本区别在于作物生育的小气候环境可以人工控制，可减轻不利气候条件对作物生育影响。

设施农业是在环境相对可控条件下，采用工程技术手段，改变自然光温条件，创造优化动植物生长的环境因子，进行动植物高效生产的一种现代农业方式。设施农业运用涵盖设施种植、设施养殖和设施食用菌等。

随着蔬菜农药残留带来食品安全问题的日益突出，环境安全型温室建设成为无毒农业、设施农业、蔬菜标准园建设的核心设施。使用这种设施可以生产出没有农药污染的蔬菜瓜果，是今后设施农业重点发展的对象。

1. 风障畦栽培

在多风季节或地区，在栽培畦迎风面设置挡风屏障，使风障前气流稳定，充分利用太阳热能，提高气温和地温，降低蒸发量和相对湿度，形成适宜的小气候条件，构成风障畦。现代风障畦除采用竹竿、芦苇、玉米秸、谷草外，还可采用塑料网、塑料薄膜和塑料板材等。

(1) 风障畦的分类　有小风障畦和大风障畦之分。小风障畦结构简单，在栽培畦北侧垂直竖立高1~2m的芦苇，玉米、高粱秸秆，竹竿等，辅以稻草、谷草等挡风材料，春季每排风障的防风有效范围约为2m。

大风障畦又分完全风障和简易风障2种，完全风障是由篱笆、披风、土背三部分组成，高为2~2.5m，并夹附高1.5m左右的披风，披风较厚，春季防风的有效范围在10m左右；简易风障只设置1排篱笆，高度 1.5~2m，防风效果较差。一般风障畦的风障能削弱风速 10%~25%，风速越大，防风效果越明显。在风障畦内距风障畦越近，冻土层越浅。入春后当露地开始解冻 7~12cm 时，风障前 3m 内已完全解冻，比露地约提早 20d，畦温比露地高 6℃左右。风障增温效果在有风的晴天更明显，阴天不显著。

（2）风障畦的应用　我国北方地区应用风障畦栽培蔬菜等园艺作物历史较长。小风障畦主要用于瓜类、豆类春季提早直播或定植的早熟栽培；简易风障用于小白菜、小萝卜、油菜、茴香等半耐寒性蔬菜提早播种，或提早定植的春夏季叶菜及果菜类；完全风障用于耐寒性园艺植物越冬栽培、种苗防寒越冬及春早熟栽培。

2. 冷床栽培

冷床是利用太阳光热来保持畦温的一种保护设施，又名阳畦。冷床是在风障的基础上演变而来，即将风障畦的畦埂增高而成为畦框，并在畦面上增加防寒保温和采光覆盖物。若将阳畦畦框增高，改为土墙，加以改良即成为改良阳畦，改良阳畦加大了空间，扩大了栽培面积，提高了保温效果，因而其应用较普通阳畦更为普遍。

普通阳畦主要用于冬春季培育甘蓝、莴笋、芹菜等耐寒性作物幼苗；改良阳畦可进行秋延后栽培及冬季耐寒性园艺植物栽培，还可进行喜温性园艺植物的春提早栽培。

3. 温床栽培

温床是在冷床基础上增加人工加温设备，以提高床内气温和地温的保护设施。温床热源除太阳辐射热外，有酿热、电热等。

（1）酿热温床　酿热温床是在阳畦的基础上，在床下铺设酿热物，利用好气性微生物分解有机物时产生的热量来提高床内温度的保护设施。温床的大小和深度要根据其用途而定，一般床长 10~15m，宽 1.5~2m，并且将床底部挖成鱼脊形，以求温度均匀。

酿热物根据分解时发热情况不同可分为高热酿热物（如新鲜马粪和羊粪，新鲜厩肥，各种油饼肥，米糠、棉籽皮和纺织屑等）和低热酿热物（如牛粪、猪粪、落叶、树皮、作物秸秆等）2 类，根据天气寒冷程度、应用时间的长短及栽培作物的种类，通过调节各种酿热物的配合比例、数量、紧实度、厚度、含水量及床土厚度来控制床内温度，培育喜温园艺植物时，可采用新鲜马粪、羊粪等做酿热材料，也可将高热和低热酿热物混合使用，但低热酸热物不宜单独使用。播种床的酿热物厚度要大于 30cm，移植床一般在 15~20cm。

（2）电热温床　电热温床是利用电热线把电能转变为热能，以提高床内温度的保护设施，具有温度均匀、温度调节自动化、使用时间不受季节限制等优点，广泛应用于冬、春季，多用于温室、大棚、中小棚培育喜温园艺植物幼苗以及快速扦插繁殖葡萄、月季、番茄、甜椒、甘蓝等优良种苗。一般可在塑料大、中棚，改良阳畦及温室内栽培床上做成育苗用平畦，在育苗床下铺设电热线、床宽 1.3~1.5m，床底深 15~20cm。电热温床温度控制设备主要有电热线、控（测）温仪、继电器（交流接触器）、电闸盒、配电盘（箱）等。

4. 网室栽培

（1）遮阳网栽培　遮阳网俗称遮阴网、凉爽纱，是以聚乙烯、聚丙烯等为原料，经加工制作编织而成的一种轻量化、高强度、耐老化、网状的新型农用塑料。一般利用温室、塑料大棚骨架，揭除边膜，仅覆盖顶膜（天幕），然后在顶幕上面覆盖遮阳网栽培，为温室和大、中、小骨架的夏季再利用，以及建立园艺植物盛夏季节生长障碍的简易、实用、低成本、高效益的新技术。

该项技术与传统苇帘覆盖栽培相比，具有轻便、省工、省力的特点，苇帘虽一次性投资低，但使用寿命短，折旧成本高，贮运铺卷笨重，而遮阳网可重复使用，寿命长，虽一次性投资较高，但年折旧成本低于苇帘，单位面积覆盖可降低成本 50%~70%，省工 25%~50%，而且劳动强度小，存放方便。

遮阳网颜色主要有黑色和银灰色，也有绿色、白色和黑白相间等品种，依遮光率分为 35%~50%、50%~65%、65%~80%和≥80%4种规格，应用最多的是 35%~65%的黑网和 65%的银灰网。宽度 90cm、150cm、160cm、200cm 和 220cm 不等，45~49g/m^2。一般遮阳网的产品编号是以 1 个密区（25mm）中纬向的编丝条数来度量，如 SZW-8 表示密区有 8 根编丝，SZW-12 则表示有 12 根编丝纺织而成，数字越大，网孔越小，密度越高，遮光率越大，不同规格、不同颜色的遮阳网其遮阳降温的效果也不同，可根据气候特点及栽培园艺植物的种类选择相应系列产品，一般降温效果为 4~6℃，最大降温效果可达 12℃以上。

目前，遮阳网广泛应用于我国南北各地越夏防雨栽培，园艺植物无土栽培、蔬菜夏季栽培及优质园艺产品均衡生产的实践中。

（2）防虫网栽培　防虫网是以高密度聚乙烯等为主要原料，添加防老化、抗紫外线等化学助剂，经挤出拉丝编织制成 20~30 目（每英寸长度的孔数）形似窗纱的一种新型农用覆盖材料。防虫网不但强度大，而且具有抗紫外线、抗热、耐水、耐腐蚀、耐老化、无毒、无味等特点。防虫网栽培采用物理防治技术，以人工构建的屏障将害虫隔于网外，从而达到防虫效果，可大幅减少化学农药的用量及对农药的依赖性，是生产无公害园艺产品的一项简易、有效的技术措施，因此在一些发达国家和地区的蔬菜和果品生产中得到了广泛应用。

防虫网的规格多样，其目数有 20 目、24 目、30 目和 40 目等，宽度有 100cm、120cm 和 150cm 等，丝径有 0.14~0.18mm 数种，色泽有白色、银灰色等，使用寿命为 3~4 年。防虫网覆盖的主要形式有：一是大棚覆盖，目前最普遍的覆盖方式，直接将数幅网缝合覆盖在大棚架上，属全封闭式覆盖，四周用土或砖压严封实，留大棚正门揭盖，便于进棚作业。二是小拱棚覆盖，在大田畦面扣小拱棚，将防虫网覆于拱架顶上，适行全封闭覆盖。三是水平棚架覆盖，在一适度大小的田块中，用高约 2m 的水泥柱或钢管做成隔离网架，用防虫网全部覆盖封闭，以达到节约网和棚架、便于作业的目的。

利用防虫网可进行抗高温育苗。6—8 月为高温、暴雨、虫害频发期，蚜虫为害导致病毒病严重发生，采用防虫网可有效减少虫害，结合顶部覆盖遮阳网可降低温度，同时减少暴雨冲刷土面，有利于培育优质壮苗。在蔬菜、果树、花卉的周年设施栽培中，可采用适宜网目的防虫网减少多种害虫为害，实现简易的保护地无（少）农药栽培，达到优质高效的生产目标。

防虫网栽培技术要点：①加强土壤消毒和防止害虫传播。覆盖防虫网前土壤要翻耕、晒垡、消毒，杀死土传病虫，切断传播途径，防虫网四周还要压实封严，防止害虫潜入产卵。②选择适宜规格防虫网。网眼小，防虫效果好，但遮光过多，影响作物生长；相反，则起不到应有的防虫效果，应综合考虑。以20目和24目最为常用。③实行全生育期覆盖。白色防虫网遮光不多，不必日盖夜揭或晴盖阴揭，应全程覆盖，并拉紧拉好压网线，防止大风将网揭开。④采用综合配套措施。选用抗病、耐热优良品种；增施有机肥，优选生物农药；采用地膜覆盖技术，实行滴灌或微喷技术；注意防虫网空间高度，结合遮阳网覆盖，调节网室温度。

5. 塑料薄膜覆盖栽培

根据覆盖方式和覆盖效果不同，塑料薄膜覆盖栽培可分为地膜覆盖、近地面覆盖和塑料棚3种方式。由于地膜覆盖仅控制作物生育的地下部环境，而近地面覆盖仅短时间有限地控制近地面环境，严格讲不属于设施园艺的保护设施形式，只能作为设施园艺或露地栽培中的一种栽培技术措施。塑料棚可分为塑料小棚、塑料中棚和塑料大棚3类，塑料中、小棚是我国各地普遍应用的保护地设施，主要用于春提早、秋延后及防雨栽培，也可用来培育园艺植物幼苗。

（1）地膜覆盖栽培　地膜覆盖栽培是将一层极薄的农用塑料薄膜（通称地膜）覆盖于栽培畦（或垄）的土壤表面，以促进作物生长的简易覆盖栽培方法。地膜覆盖具有提高地温、保墒、保持土壤疏松、降低设施内相对湿度、防治杂草和病虫、促进土壤微生物活动、加速有机物分解、避免土壤养分被淋溶流失及提高配肥效等多种功能，且地膜的反光作用能增强植株中部、下部光照强度，提高作物光合作用，延长生育期，达到早熟、丰产、优质、高效的栽培目的。目前，地膜覆盖栽培已成为一项适合我国国情、适应性广、应用量大的农业技术措施。

地膜覆盖栽培既可在露地直接进行，又可与温室、塑料棚、阳畦等保护设施配合使用，有垄面、畦面、高畦沟、高畦穴、沟畦覆盖及地膜加小拱棚覆盖等多种形式。其主要栽培形式有高畦（或高垄）地膜覆盖栽培和平畦地膜覆盖栽培2种，前者是地膜覆盖的基本形式，一般畦高10~15cm，宽60~100cm，畦间相隔40~60cm，早春升温快，可促进作物早熟；平畦地膜覆盖增温效果不如高畦，但便于灌水、省工。园艺植物因种植方式不同，盖膜先后顺序也不同。种子直播的作物可以先盖膜，后打孔播种，要求播种深度一致，播量一致、覆土均匀；也可以先播种，后盖膜，在幼苗出土后及时划破地膜，防止幼苗灼伤。育苗移栽的作物宜先覆盖地膜，后打孔定植，将定植孔周围的地膜压紧封严，使之略高于畦面。

（2）塑料小棚栽培　塑料小棚用细竹竿、毛竹片、荆条或直径6~8mm的钢筋等能弯成弓形的轻型材料做骨架，上面覆盖塑料薄膜，即成为塑料小棚。塑料小棚的跨度一般为1.5~3m，高1m左右，单棚面积15~45m^2，其取材方便，结构简单，体型较小，负载轻。

塑料小棚主要用作蔬菜、花卉的春季早熟栽培、早春园艺作物的育苗和秋季蔬菜、花卉的延后栽培。由于小棚可以采用草帘防寒，早春栽培期可早于大棚。

（3）塑料中棚栽培　塑料中棚为小棚和大棚的中间类型，一般高1.5~1.8m，跨度4~6m，长度30~40m，面积多为66.7~133.0m^2，可在棚内作业，并可覆盖草苫。中棚有竹木结构、钢管或钢筋结构、钢竹混合结构，有设1~2排支柱的，也有无支柱的。中棚的主要类型有2种：一种是拱圆中棚，竹木或钢架结构，形如小拱棚，因其空间及面积较大，故名中拱棚。另一种是半拱圆中棚，北面筑高1m以上土墙或砖墙，沿墙头向南插竹竿，即竹竿一头插入墙头，另一头插入地中，形成半圆形骨架，拱杆间距30~50cm，纵向加3~5根竹竿做横拉杆，以固定棚架。

塑料中棚的性能比小棚好，比大棚差，主要用于耐寒园艺植物春提早栽培或供露地栽培育苗用。也可在棚内定植喜温作物进行春提早、秋延后栽培。

（4）塑料大棚栽培　通常把不用砖石结构围护，只以竹、木、水泥或钢材等杆材支成拱形或屋脊形骨架，在上面覆盖塑料薄膜的大型保护地栽培设施称为塑料薄膜大棚。1965 年，我国开始应用塑料大棚栽培，现已成为仅次于日光温室栽培的主要设施栽培类型。塑料大棚多数为竹木骨架和水泥骨架，钢管和钢骨架在一些经济发达的地区逐步被采用。塑料大棚高度 2～2.5m，跨度 6～15m，棚长 40～60m，单棚面积 300～1 000m^2，从造型上可分为拱圆形大棚和屋脊形大棚，前者建造容易，抗风力强，坚固耐用，因而应用较广。由 2 栋或 2 栋以上的拱圆形或屋脊形单栋大棚连接在一起即成为连栋大棚。

主要用于园艺作物的冬春季和夏季育苗，蔬菜花木的春提早、秋延后或从春到秋的长季节栽培（南方地区夏季去掉裙膜，换上防虫网，再覆盖遮阳网），果树主要用于促成、避雨栽培。塑料大棚栽培以春提早为主，如大棚春早熟栽培的黄瓜、番茄、甜椒、茄子等作物可比露地提早采收 20～40d，定植前，可在棚内加种一茬白菜、波菜、青蒜等耐寒作物，以充分利用资源，秋延后栽培的蔬菜、花卉等园艺植物可比露地栽培延后 20～30d 上市。此外，还可利用大棚棚架栽种牵牛花、丝瓜、四棱豆等蔓生园艺植物。

（5）温室栽培　温室是人工可以调控环境温、光、水、气等环境因子，其栽培空间覆以透明覆盖材料，人在其内可以站立操作的一种性能较完善的环境保护设施。通常依其覆盖材料的不同分为玻璃温室和塑料温室两大类。塑料温室又分为软质塑料（PVC、PE、EVA 膜等）温室和硬质塑料（PC 板、FRA 板、FRP 板等）温室。温室从用途上可分为科研型温室、观赏型温室和生产型温室；依屋顶形状可分为单屋面、双屋面和拱圆温室。

第二节　无公害土壤栽培

一、无公害农产品概念

1. 无公害农产品的概念及内涵

无公害农产品是指产地环境、生产过程、产品质量符合国家有关标准和规范要求，经认证合格获得认证证书并允许使用无公害农产品标志的未经加工或初加工的食用农产品。也就是使用安全的投入品，按照规定的技术规范生产，产地环境、产品质量符合国家强制性标准并使用特有标志的安全农产品。无公害农产品，也就是安全农产品，或者说是在安全方面合格的农产品、是农产品上市销售的基本条件。但由于无公害农产品的管理是一种质量认证性质的管理，而通常质量认证合格的表示方式是颁发“认证证书”和“认证标志”，并予以注册登记。因此，只有经农业农村部农产品质量安全中心认证合格、颁发认证证书，并在产品及产品包装上使用全国统一的无公害农产品标志的食用农产品，才是无公害农产品。关于无公害农产品和无公害食品的称谓问题，这只是我国由于历史、体制等方面原因，将食物分为农产品和食品，国际上统称食物。为了体现农产品质量安全从“农田到餐桌”全程控制和政府抓农产品消费安全的切入点，农业农村部在“无公害食品行动计划”和行业标准中使用的是无公害食品。行业标准是技术法规，需要全社会共同遵循，包括生产消费和流通领域，所以叫无公害食品。

2. 无公害农产品特征

（1）市场定位　无公害农产品是公共安全品牌，保障基本安全，满足大众消费。

（2）产品结构　无公害农产品主要是百姓日常生活离不开的“菜篮子”和“米袋子”等大宗未经加工及初加工的农产品。

（3）技术制度　无公害农产品推行“标准化生产、投入品监管、关键点控制、安全性保障”的技术制度。

（4）认证方式　无公害农产品认证采取产地认定与产品认证相结合的方式，产地认定主要解决产地环境和生产过程中的质量安全控制问题，是产品认证的前提和基础，产品认证主要解决产品安全和市场准入问题。

（5）发展机制　无公害农产品认证是为保障农产品生产和消费安全而实施的政府质量安全担保制度，属于公益性事业，实行政府推动的发展机制，认证不收费。

（6）标志管理　无公害农产品标志是由农业部和国家认证认可监督管理委员会联合公告的，依据《无公害农产品标志管理办法》实施全国统一标志管理。

二、无公害蔬菜

1. 无公害蔬菜

无公害蔬菜也称无毒害蔬菜或无污染蔬菜，无公害菜是属于无公害作物之一，也称为安全作物或安全蔬菜。

无公害蔬菜生产的目标有两个：一是生产无公害蔬菜，以满足人们生活日益增长的需要，并在实现良好经济效益的同时，确保消费者身体健康不受损害；二是把生产与环境保护结合起来，在生产过程中综合应用各种无公害栽培技术措施，确保蔬菜生产系统少受农药、化肥、激素等化学合成物质的破坏。当前无公害蔬菜生产区面广、量大，在蔬菜生产时应兼顾改善生态条件和提高经济效益两方面的利益。所以，无公害蔬菜的生产标准中，严格禁止使用已经公布不准使用的剧毒农药；同时，又允许限量、限时、限浓度使用一些农药、化肥、激素。这些药物有一定毒性，在蔬菜中的残留量要求限定在一定阈值以内。

无公害蔬菜是配合农业农村部无公害食品行动计划而制定的配套系列标准，这些标准包括农产品质量安全标准体系、农产品质量安全监督检测体系、农产品质量安全认证体系、农业技术推广体系、农产品质量安全执法体系及农产品质量安全信息体系六大体系。在质量标准中既要考虑传统的商品标准，又要考虑防止高残、高毒农药的污染。在检测的标准中，既要有感官的方法，做到简便易行，强调可操作性，又要有严格的定义和量化标准。在这六大标准中，首先，应注意选择产地环境；其次，应注意生产过程，从源头上抓起，在农业技术推广体系中，力争在蔬菜生产产地上提高品质，防止污染，达到营养、安全、卫生的指标；第三，还应防止产品在预冷、包装、贮藏、加工、运输过程中的二次污染或产品变质。无公害蔬菜进入市场前，还应按农产品安全标准，经检测、认证后才能进入市场销售。

无公害蔬菜的产品标准、环境标准和生产资料使用标准，如《无公害农产品管理办法》、NY 5010—2002《无公害食品蔬菜产地环境条件》及《无公害农产品标志管理办法》、GB 2763—2014《食品中农药最大残留限量》等。生产操作规程为推荐性的行业标准，由各省（市）制定。

2. 无公害蔬菜生产基地的选择

发展无公害蔬菜须与经济建设、城乡建设、环境建设同步规划，以便吸取多年来蔬菜基地屡建屡迁、浪费资金的教训。无公害蔬菜基地建设还必须与环境效益、社会效益和经济效益相统一。为此，在基地建设时，必须遵循以下指导思想。

（1）遵循生态规律和经济规律　在无公害蔬菜基地建设中，要正确处理环境与经济的关系，必须遵循经济规律和生态规律，保障经济和环境协同发展。在经济体系中，经济规模、增长速度、产业结构、能源结构、资源状况与配置、生产布局、技术水平、投资水平、供求关系等都有着各自及相互作用的规律。在环境系统中，污染物产生、排放、迁移转换、环境自净能力、污染物防治、生态平衡等也都有自身的规律。在经济系统与环境系统之间相互依赖、相互制约的关系中，亦有着客观的规律性。发展思路中只遵循经济规律而忽视生态规律时，则会造成环境恶化、为害人体健康，并且制约经济的正常发展；反之，只顾生态规律，忽视经济规律的发展思路也是不行的。

（2）选择生态环境良好的地方建立基地　主要应选择在具有良好的气候、地形、地势、地貌、土壤肥力、水文、植被等适于栽培蔬菜的地方，建立蔬菜生产场圃，以利于旱涝保收。

（3）选择环境污染较轻的地方建立基地　无公害蔬菜生产基地要选建在未直接受到“三废”城镇垃圾等污染的地方。至少在其周边2~3km以内，须无污染源。只有这样，才有利于生产出安全、卫生的蔬菜。

（4）选择毒源、病虫源少的地方建立基地　在邻近农药厂、化工厂、医疗单位的地方，或在病虫害较多的老菜区，均不能建立无公害蔬菜生产基地。唯此方能减少毒害或病虫害的发生。

（5）选择交通便利，受交通工具污染少的地方建立基地　一般而言，无公害蔬菜基地的生产面积较大，产品数量较多，其大量的商品蔬菜需通过运输远销国内外。然而，建立的场圃距离高速公路太近时，则易受到汽车尾气等对蔬菜的污染。所以，无公害蔬菜生产基地，至少应距主干公路100m以上。

（6）选择有防护设施的地方建立基地　最好在基地的四周有山坡、沟渠、防护林或围墙环绕，以减少受外界污染或其他不利因素的干扰。

在无公害蔬菜基地的选择方面，除了上述要求外，各项具体指标可参阅NY 5010—2002《无公害食品蔬菜产地环境条件》。

3. 无公害蔬菜生产环境质量指标

无公害蔬菜产地环境质量指标，主要是大气质量指标、农田灌溉水质量指标及土壤质量指标等三个方面。现将近年来我国的有关质量指标分别摘录如下。

（1）无公害蔬菜生产大气质量指标　影响农作物生长的大气污染物很多：一类是在人类日常生活中普遍产生的大气污染物，其中，对人类和动植物影响较大的有氧化硫、氟化物、氮氧化物、臭氧、飘尘、总悬浮微粒等；另一类主要是工厂生产过程中所产生的污染物

（工艺性污染物），如氯气、氨气、乙烯等。氯化氢一方面可由燃煤等过程释放，另一方面也可以由化工、砖瓦等工厂工艺过程中释放。一般工艺性污染物能造成大气污染而为害农作物，其主要是事故性泄漏引起。

生产无公害蔬菜的大气环境质量指标，可参考已颁布的 GB 3095—1996《空气污染物三级标准浓度限制》。

一级标准，为保护自然生态和人群健康，在长期接触下，不发生任何为害的空气质量要求。种植无公害蔬菜的大气环境条件下，应达到一级标准。

二级标准，为保护人群健康和城市、乡村的动植物，在长期和短期接触下，不发生伤害的空气质量要求。

三级标准，为保护人群不发生急、慢性中毒，城市、乡村的一般动、植物（敏感者除外）能正常生长的空气质量要求。

（2）无公害蔬菜生产灌溉水质量指标　蔬菜生长过程中需大量灌溉用水，正常的河水、湖水所含的化学组成不会影响蔬菜正常的生长发育。由于水质受到各种形式的污染，应用污染的灌溉水，就可能对蔬菜的生长和污染残留等方面产生不良的后果。可根据无公害食品国家标准 GB/T 18407. 1—2001《农产品安全质量、无公害蔬菜产地环境要求》和农业部行业标准 NY 5010—2002《无公害食品蔬菜产地环境条件》进行操作。

（3）无公害蔬菜生产土壤质量指标　无公害蔬菜生产的土壤不仅应满足土壤安全卫生标准，更应该满足蔬菜生长发育的需要。因此，无公害蔬菜生产的土壤质量指标，应包括下列各个方面。①土壤的理化性质。以轻壤土或沙壤土为佳，要求熟土层厚度不低于 30cm，土壤质地疏松，有机质含量高，腐殖质含量应在 3%以上，蓄肥、保肥能力强，能及时供给植物不同生长阶段所需的养分，能经常保持水解氮在 70mg/kg 以上，代换性钾 100~150mg/kg，速效磷 60~氧化镁 150~240mg/kg，氧化钙 0. 1%~0. 14%，以及含有一定量的硼、锰、锌、铜、铁和铝等微量元素。这是不用或少用化肥的物质基础。②土壤的保水、供水、供氧能力。土壤的供水性和通气性取决于土壤的固、液、气三相比及土壤容重和土壤颗粒组成的比例。适于生产蔬菜的土壤三相比为：固相占40%，气相占28%，液相占32%，即土壤的孔隙度应达到60%。适宜的土壤容重为1.1～1.3g/cm，最好在1g/cm以下。土壤翻耕后，其硬度应保持在20～25kg/m^2范围之内。③土壤的稳温性。棚室土壤应有较大的热容量和导热率，并且温度变化要比较平稳。土壤温度状况，即土壤的热状况，除了对根系生长有直接影响外，还是土壤生物化学作用的动力。没有一定的热量条件，土壤微生物的活动、土壤养分的吸收和释放等都不能正常进行。土壤温度受土壤种类、土壤水分、土壤颜色、地面倾斜度以及植被等的影响。如沙壤土比热小，黏壤土比热大。土壤比热大时升温慢，降温也慢，保温性能较好。因此，黏壤土最适于栽培棚室蔬菜。④土壤的安全卫生质量标准。生产无公害蔬菜时，应选用安全卫生、无病虫寄生、不存在有害物质的土壤。按标准对无公害蔬菜生产的土壤环境质量标准执行。

(4) 无公害蔬菜生产使用农药标准　为保障蔬菜的安全卫生，绿色食品及无公害食品蔬菜允许使用部分化学农药，但必须遵照有关的标准或规定，禁用剧毒农药，或限量、限时、限次数、限浓度使用部分化学农药。有机食品、绿色食品与无公害食品三者的标准或规定不完全相同。①在蔬菜生产上严格禁止使用的农药。六六六、滴滴涕、毒杀芬、二溴氯丙烷、杀虫脒、二溴乙烷、除草醚、艾氏剂、狄氏剂、汞制剂、砷类、铅类、敌枯双、氟乙酰胺、甘氟、毒鼠强、氟乙酸钠、毒鼠硅、甲胺磷、对硫磷、甲基对硫磷、久效磷、磷胺、苯线磷、地虫硫磷、甲基硫环磷、磷化钙、磷化镁、磷化锌、硫线磷、蝇毒磷、治螟磷、特丁硫磷、氯磺隆、胺苯磺隆、甲磺隆、福美胂、福美甲胂、三氯杀螨醇、林丹、硫丹、溴甲烷、氟虫胺、杀扑磷、百草枯、2,4-滴丁酯。②无公害蔬菜生产上允许使用的农药。杀虫剂有Bt系列、阿维菌素系列、除虫菊酯类、植物提取物类、昆虫激素类（氯虫脲、啶虫隆），少数有机农药（敌百虫）以及杀虫双、吐虫等；杀菌剂有多菌灵、硫菌灵、春雷霉素、霜脲氰、代森锰锌、氢氧化铜、波尔多液、医用链霉素等；除草剂有氯乐灵、田补、都尔、乙草等。③无公害蔬菜产品的农药最大残留限量。我国关于蔬菜产品农药最大残留量的研究工作，历时多年，正在不断地改进和完善。目前，GB 2763—2019《食品安全国家标准、食品中农药最大残留限量》正式施行。

注意 在采收时，还应该注意各种农药的安全间隔期，严格控制施药时间，叶菜收获前7~12d，茄果类采收前2~7d，瓜类蔬菜采收前2~3d禁止使用。

(5) *无公害蔬菜生产肥料的使用要求* 为发展生态农业，有机蔬菜禁止使用人工合成的各种化肥，主张使用各种有机肥。而绿色蔬菜及无公害蔬菜的生产过程中提倡使用有机肥料及生物肥料；允许按绿色食品或无公害食品的标准，使用部分人工合成的化肥。为减少肥料的使用量，生产上应根据蔬菜作物生长发育的需要施肥。科学施肥时可先预计蔬菜的产量和测定土壤中原有的营养成分，再依据土壤诊断施肥或平衡施肥的原则，适量补充各种营养成分。要防止施肥过量导致污染土壤、污染地下水、污染环境及污染蔬菜产品。

在生产无公害蔬菜时，为减少对环境和产品的污染，施肥时应以基肥为主，追肥为辅；施肥种类上应以有机肥料为主，辅以其他肥料；限量使用人工合成化肥，也应以复合肥料为主，单元素的肥料为辅。

(6) *无公害蔬菜生产病虫草害防治措施* 无公害蔬菜生产上病虫草害的综合防治措施中，除了选择洁净的产地环境、按有关标准安全使用农药、提倡增施有机肥、减少化肥使用量等上述各节中已有介绍之外，现按无公害蔬菜生产的要求，对蔬菜的病虫草害的农业综合防治措施，再作如下补充。①加强植物检疫和病虫草害的预测预报工作。加强植物检疫工作：植物检疫是国家或地方政府，为防止有害生物随植物种苗及产品的人为引入和传播，以法律手段和行政措施，强制实施保护性的植物保护措施。植物检疫是病虫草害防治的第一环节，加强对蔬菜种苗的检疫，在未发生病虫草害的地区，应严禁从疫区带进有病虫草害的种苗。采种时从无病虫的植株上采种，这样可有效地防止病虫草害随种苗传播和蔓延。加强病虫草害的预测预报工作：各种蔬菜病虫草害的发生，都有其固有的规律和特殊的环境条件。如高温天气、昼夜温差大、叶片上有水珠时，则易患霜霉病、灰霉病、菌核病等；环境干旱，则易发生蚜虫和红蜘蛛。因此，应根据蔬菜病虫害发生的特点和所处的环境条件，结合田间定点调查和天气预报情况，科学分析病虫害发生的趋势，及时做好防治工作。如蔬菜苗期的生理病害，多因温度、湿度过高或过低、营养不足、肥料未腐熟等原因而引起，从而导致沤根、猝倒、立枯等病害，出现秧苗萎蔫、叶黄、叶有斑点或叶缘黄白等症状。对这类病虫害就可通过病虫害的预测预报工作，相应地采取防治措施。将病虫防治在发生之前或控制在初期阶段。实践证明，加强蔬菜病虫的预测预报工作，是发展无公害蔬菜生产有效的防治措施。②产地的隔离措施。选定的蔬菜基地如果缺少山川林木环抱时，应在场圃周边挖沟渠、建绿色的防护林带，以减少畜禽或闲杂人员进入产区而带来病虫草害的风险。防护林带宜选用生长快、高矮结合、有一定经济价值和驱避病虫作用的植物，一般应由乔木、灌木及多年生草本植物组成。这些植物除应具有防风沙、抗干旱、耐寒冷的性能外，还应具有抗病虫、驱病虫的作用。其防护作物最好能作为蔬菜、作为工业原料或提炼生物农药。根据调查，下列植物可供选用：杨树乔木、香乔木、条春乔木、香樟、蓖麻、金针菜、紫穗槐等。③实行轮作减轻蔬菜病虫草害。有机蔬菜生产上为防止污染，禁用化肥、农药、激素及转基因品种。绿色蔬菜及无公害蔬菜生产中限量使用这些农用物资。禁止或限量化肥、农药和激素等，已成为发展蔬菜生产的热点和难点问题。回顾我国数千年来的传统农业历史，并未依赖于化肥、农药及激素。在传统农业生产中，抑制蔬菜生产上的病虫草害和培肥土壤时，主要是依靠轮作换茬，切断病虫草害的中间寄主，减少病虫草害发生的来源和降低病虫草害发生的基数。④采取耕作措施，防治病虫草害。在无公害蔬菜生产中，为了控制蔬菜生产的病、虫、草等有害生物的为害，可采取的耕作措施如下。

清除前作残茬。将前作秸秆、病叶的残茬和杂草集中烧毁、深埋、堆肥或投入沼气池中充分腐熟，以杀死病虫草害的孢子、虫卵及种子，以减少病虫草害发生的源头。

提倡深耕、冻垡、晒垡。将不同深度土层中的病虫杂草的种子、卵块、幼虫、孢子翻到土壤表面，利用酷暑、严寒、日晒、雨淋，或招来鸟兽天敌啄食，从而逐渐减少病虫草害的发生。

提倡浅耕灭茬。在杂草为害严重的地块，开沟作畦以后，至作物播种以前的 20d 左右，在畦面上浇水，促使表土中的草子萌发，临播种前再次浅耕耙平，清除长出的杂草后立即进行播种，可减少杂草的为害。

提倡深沟、高畦、高垄。筑深沟高畦而不用低畦浸灌，则可免去因漫灌由水分传播病虫杂草的可能性。用沟灌、渗灌的方法，使栽培作物的土壤下层湿润，而土壤表面干燥，这样的环境条件有利于蔬菜的生长，而不利于病虫草害的发生。

大力提倡地面覆盖栽培。用地膜或切碎的稻草等覆盖地面，可以提高土壤的保墒能力，减少灌溉次数，减少因水流传播病害的机会。地膜覆盖或稻草覆盖栽培后，在下雨时，还能避免因雨滴飞溅而将泥土中的病虫孢子带至菜叶片背面而受害。在棚室内用地膜覆盖地面后，能提高棚室内的地温，降低棚室内的空气湿度，减少病虫杂草发生的条件。⑤种子消毒。种子可以用化学药剂消毒或热力消毒。化学药剂消毒常因污染环境或产品，受到一定限制，而热力消毒无论是有机蔬菜、绿色蔬菜或无公害蔬菜；均不受其限制。其中，温水浸种又称温汤浸种。温水浸种时，由于种子吸水后导热性增强，致种子内外受热均匀，可以杀死种子表面附着的病菌、虫卵，处于休眠状态下的种子，比病菌具有更高的抗热能力。温水浸种就是利用种子与病菌耐热能力之间的差异，选择既能杀死种子内外病菌、虫卵，又不损伤种子生命力的温度进行消毒。所用的温度及浸种的时间，都必须事先用少量种子，经过试验，确认对种子没有损害时才能使用。操作时必须严格遵守规定的温度及时间。

(7) 栽培蔬菜的土壤、基质及设施的消毒　蔬菜栽培棚室内的土壤、基质及设施在使用之前，必须经过消毒。最为经济有效而又不使用农药的方法是，在夏季休闲期间，对棚室内的土壤灌上透水、盖上薄膜，在厌气的环境下闷棚10~15d、使土壤温度达50℃以上，能杀死土壤中的红蜘蛛、根结线虫、菌核病、枯萎病、疫病等各种虫卵、病菌孢子及杂草种子。在现代化的智能温室中，还可利用水蒸气消毒，即在密闭的消毒室内，对棚室内使用的盆钵、基质等育苗器材及设施进行消毒。用蒸汽进行土壤消毒的方法是：在耕翻的土壤上，覆盖油布或塑料薄膜，将蒸汽通入油布或薄膜下，杀死土壤中的各种病虫草害的孢子、虫卵及杂草种子。

(8) 培育嫁接苗，增强植株的抗性　在大棚、温室等固定设施中经常连作常引起蔬菜的病害严重。通常利用早熟南瓜、黑籽南瓜、葫芦、甜瓜等耐寒、抗病品种为砧，木嫁接黄瓜、西瓜等作物，可有效防止黄瓜、西瓜等作物病害的侵染，这项技术已广泛用于蔬菜生产。

第三节　有机土壤栽培

一、有机土壤栽培

有机土壤是指富含多种有机营养物质的土壤，可用于栽培蔬菜，培养微生物等。有机土壤基质的特点是肥效高、效果好、增产增收。

有机质含量的多少是衡量土壤肥力高低的一个重要标志，它和矿物质紧密地结合在一起。在一般耕地耕层中有机质含量只占土壤干重的0.5%~2.5%，耕层以下更少，但它的作用却很大，群众常把含有机质较多的土壤称为“油土”。土壤有机质按其分解程度分为新鲜有机质、半分解有机质和腐殖质。腐殖质是指新鲜有机质经过微生物分解转化所形成的黑色胶体物质，一般占土壤有机质总量的85%~90%。

有机土壤基质的特点是肥效高、效果好、增产增收。在腐熟过程中温度可达到75℃的高温，可最大限度地杀死虫卵、病菌和杂草种子；施入土壤后有机腐熟物作为有益微生物的载体，能迅速激活土壤有益微生物，刺激作物根细分泌生长素和抗菌素，有效抑制有害菌繁殖，提高作物免疫力，减轻病虫害；能够活化土壤，提高土壤团粒结构，调节土壤pH值，加快有机物质的分解，增强固氮、解磷、解钾功效，促进土壤还原，释放矿物营养，提高土壤供肥能力，促进作物生长发育，提高作物产量和品质。

二、有机农业

有机农业是一种完全不使用人工合成的化学肥料、农药、生长调节、添加剂而采用先进的农用生物技术的生产方式。有人认为，有机农业可以提高农产品质量，但产量低，这种观点是不正确的，大量实践证明，使用现代农业生物技术，不仅可以高农产品质量，而且可以大幅度提高农产品产量，有机农业是现代农业发展的方向，是一种必然选择。

有机食品的名词来自英文直译，在蔬菜上称为有机菜。有机蔬菜不是一个化学概念，有机蔬菜有时也称为生态食品，因为它是指来自有机农业生态体系的蔬菜产品。根据我国国家环境保护总局有机食品发展中心（简称OFDC）、国际有机农业运动联合会（简称IFOAM）的有机食品生产和加工的基本标准，参照欧盟有机农业生产规定以及德国、瑞典、英国、美国、澳大利亚和新西兰等国有机农业协会和组织的标准和规定，结合我国农业生产和食品行业的有关标准，制定了我国有机认证标准与规范。

有机食品生产过程中，完全不用人工合成的化学肥料、农药、激素、畜禽饲料添加剂及转基因品种等，其核心是建立农业生态系统生物多样性，恢复其良性循环，以维持农业的可持续发展。在有机农业生产体系中，以作物秸秆、畜禽粪肥、豆科作物、绿肥和有机废弃物为土壤肥力的主要来源，以作物轮作和各种物理、生物、生态措施来控制病虫草害为主要手段。从常规农业向有机农业转化需要有一个转过程，一般转换期需要 3 年左右，转换期内按有机农业的标准进行生产，3 年转换期内所产的产品称为有机转换产品，经 OFDC 检验合格后，发放有机转换产品的证书及标志。3 年后在生产环境、生产过程和生产的产品经检测合格后才能取得正式的有机食品证书，并同意使用有机食品的标志。

由于有机食品需要有一定的规模才能生产，对产地环境条件要求严格，生产时不能使用人工合成的化肥、农药、激素及转基因的品种，特别是当前还缺少符合有机生产的化肥、农药等农用物资，缺乏一定的技术力量及资金支持，生产难度较大。其产品的质量标准及卫生标准要求较高，在 3 年转化期间，产品价格与一般产品相仿，这就影响了有机食品的发展。所以，目前我国只有少数地方、少数产品获得有机认证，在安全蔬菜生产中只占极少比例。但有机食品生产的标准是与国际标准接轨的，产品能符合大多数国家消费的需要。随着我国蔬菜产业的发展，蔬菜的外贸出口所占比例越来越大，发展有机食品是克服国际贸易中绿色壁垒的主要手段。

三、生态农业

生态农业是指在经济和环境协调发展原则下，总结吸收各种农业生产方式的成功经验，按生态学、经济学原理，应用系统工程方法建立和发展起来的农业体系。它要求把粮食生产与多种经济作物生产相结合，将种植业同林、草业相结合，把传统农业与二三产业发展相结合，利用中国传统农业的精华和现代科学技术，通过人工设计生态工程，协调经济发展与环境之间、资源利用与环境保护之间的关系，形成生态和经济的良性循环，实现农业的可持续发展。

第四节　无土栽培

一、无土栽培概念

无土栽培是一种不用天然土壤而采用含有植物生长发育必需元素的其他物质培养植物的方法，使植物正常完成整个生命周期的栽培技术。它包括水培、雾（气）培、基质栽培。无土栽培一般可种植蔬菜、花卉、水果、烟叶等农作物。无土栽培中营养液成分易于控制，而且可以随时调节。在光照、温度适宜而没有土壤的地方，如沙漠、海滩、荒岛，只要有一定量的淡水供应，便可进行。大都市的近郊和家庭也可用无土栽培法种植蔬菜、花卉。无土栽培可以用来栽培蔬菜，这样栽培出来的蔬菜可以控制环境，污染少。

当前无土农业在我国渐渐成为一种时尚，成为城市绿化及构建居民私家菜园的重要生态元素。它的推广运用对城市可持续发展及生态文明构建起到重要的推动作用，也为城市居民的健康生活提供重要载体。

二、无土栽培的分类

无土栽培在世界各国的分类有很多种，比较通用的分类方法为依其栽培床是否用固体的基质材料，把其分为非固体基质栽培和固体基质栽培两大类型，进而根据栽培技术、设施结构和固定植株根系的材料不同又可分为多种类型。

1. 固体基质无土栽培

固体基质无土栽培简称基质培，是以非土壤的固体基质材料为栽培基质固定作物，并通过浇灌营养液或施用固态肥和浇灌清水供应作物生长发育所需的养分和水分，进行作物栽培的一种形式。基质培具有性能稳定、设备简单、投资较少、管理容易的优点，有较好的经济效益，目前我国大部分地区的无土栽培都采用基质培。

固体基质的分类方法很多，按基质的组成可以分为无机基质、有机基质（树皮、泥炭、蔗渣、稻壳等）、化学合成基质（泡沫塑料）；按基质的来源可以分为天然基质和人工合成基质两类，如沙、石砾等为天然基质，而岩棉、泡沫塑料、多孔陶粒等为人工合成基质；按基质的性质可以分为活性基质和惰性基质两类，如泥炭、蛭石等为活性基质，沙、石砾、岩棉、泡沫塑料等本身既不含养分也不具有盐基交换量的为惰性基质；按基质使用时组分的不同，可以分为单一基质和复合基质两类，生产上为了克服单一基质可能造成的容重过轻、过重，通气不良、过盛等弊病，常将几种基质按一定比例混合制成复合基质来使用。

基质培可根据选用的基质不同分为不同类型，以有机基质为栽培基质的称为有机基质培，而岩棉培、沙培、砾培等为无机基质培；根据栽培形式的不同可分为槽式基质培、袋式基质培和立体基质培。

（1）槽式基质培　是将栽培用的固体基质装入一定容积的种植槽中栽培作物的方法，一般有机基质培和容量较大的重基质（如沙、石砾）多采用槽式基质培。装置由栽培槽（床）、贮液池、供液管、泵和时间控制器等组成。多采用砖或水泥板筑成的水泥槽，内侧涂以惰性涂料，以防止弱酸性营养液的腐蚀，也可用涂沥青的木板建造，制成永久或半永久性槽。槽的宽度为80~100cm，两侧深15cm，中央深20cm，横底呈“V”形，横底铺双层0.2mm厚黑色聚乙烯塑料薄膜，以防止渗漏并使基质与土壤隔离。槽底伸向地下贮液池的一方，有轻微的坡降，一般为1：400槽长因栽培作物、灌溉能力、设施结构等而异，宜在30m以内，太长会影响营养液的排灌速度。将基质混匀后立即装入槽中，铺设滴液管，开始栽培。

（2）袋式基质培　是将栽培用的泥炭、珍珠岩、树皮、锯木屑等轻型固体基质装入塑料袋中，排列放置于地面并供给营养液进行作物栽培的方式，简称袋培。采用开放式滴灌法供液，简单实用。袋子通常由抗紫外线的聚乙烯薄膜制成，至少可使用2年，在高温季节或南方地区，塑料袋表面以白色为好，以便反射阳光，防止基质升温；相反，在低温季节或寒冷地区，则袋表面应以黑色为好，以利于吸收热量，保持袋中的基质温度。地面袋培又可分为开口筒式袋培和枕头式袋培 2 种方式。

在温室中排放栽培袋之前，整个地面要铺上乳白色或白色朝外的黑白双面塑料薄膜，将栽培袋与土壤隔离，防止土壤中病虫侵袭，同时有助于增加室内的光照强度。定植结束后立即布设滴灌管，每株设 1 个滴头，袋的底部或两侧开 2~3 个直径为 0.5~1cm 的小孔，使多余的营养液从孔中流出，防止积液沤根。

（3）盆（钵）基质培　在栽培盆或钵中填充基质栽培作物。从盆或钵的上部供营养液，下部设排液管，排出的管养液回收于贮液器内再利用，适用于小面积分散栽培园艺植物，如楼顶、阳台种植茄果类蔬菜、花卉、草莓、葡萄等。

（4）岩培棉　指用岩棉做基质，使作物在岩棉中扎根锚定、吸水吸肥、生长发育的无土栽培方式，通常将岩棉切成定型的长方形块，用塑料薄膜包成枕头袋状，称为岩棉种植垫，一般长 70~100cm，宽 15~30cm，高 7~10cm。放置岩棉垫时，要稍向一面倾斜，并朝倾斜方向把包岩棉的塑料袋钻 2~3 个排水孔，以便多余的营养液排除，防止沤根。种植时，将岩棉种植垫的面上薄膜割一小穴，种入带小苗的育苗块，后将滴液管固定到小岩棉块上，7~10d 后，作物根系开始插入岩棉垫，将滴管移至岩棉垫上，以保持根部干燥，减少病害。将许多岩棉种植垫集合在一起，配以灌溉、排水等装置，组成岩棉种植畦，即可进行大规模的生产。

岩棉培宜以滴灌方式供液，按营养液利用方式不同，可分为开放式岩棉培和循环式岩棉培 2 种。开放式岩棉培通过滴灌滴入岩棉种植垫内的营养液循环利用，多余部分从垫底流出而排到室外，其设施结构简单，施工容易，造价低，营养液灌溉均匀，管理方便，不会因营养液循环而导致病害蔓延，但营养液消耗较多，排出的废弃液会造成对环境的污染，目前我国岩棉培以此种方式为主。循环式岩棉培指营养液滴入岩棉后，多余流出的营养液通过回流管道，流回地下集液池中，再行循环使用，不会造成营养液的浪费及污染环境，但缺点是设计较开放式复杂，基本建设投资较高，容易传播根系病害。为了避免营养液排出对土壤的污染，保护环境，岩棉培朝着封闭循环方式发展。荷兰岩棉培到2000年前已改为封闭循环方式。

岩棉培的基本装置包括栽培床、供液装置和排液装置，如采用循环供液，就无须排液装置。

（5）立体栽培　是将固体基质装入长形袋状或柱状的立体容器之中，竖立排列于温室之中，容器四周螺旋状开孔，以种植小株型园艺作物的方法。一般容重较小的轻基质如岩棉、蛭石、秸秆基质等适宜用于立体栽培。可以充分利用设施空间，因其高科技、新颖、美观等特点而成为休闲农业的首选项目。立体栽培包括柱状栽培和长袋状栽培两种形式。栽培柱或栽培袋在行内距约为80cm，行间距为1.2m，水和养分的供应是用安装在每个柱或袋顶部的灌溉系统进行，营养液从顶部灌入，多余的营养液从排水孔排出。

2. 非固体基质无土栽培

非固体基质无土栽培是根系直接生长在营养液或含有营养成分的潮湿空气之中，根际环境中除了育苗时用固体基质外，一般不使用固体基质，它可分为水培和雾培两种类型，水培是指植物部分根系浸润生长在营养液中，而另一部分根系裸露在潮湿的空气中的一类无土栽培方法；根据营养液液层深度不同，水培可分为营养液膜技术、深液流水培技术和浮板毛管水培技术。

（1）水培　深液流技术是最早应用于农作物商品化生产的无土栽培技术，现已成为一种管理方便、性能稳定，设施耐用、高效的无土栽培设施类型，在生产上应用较多，其特征为：种植槽及营养液液层较深，每株占有的液量较多，营养液的浓度、pH值、溶存氧浓度、温度等变化幅度较小，可为根系生长提供相对较稳定的生长环境：植株悬挂于营养液的水平面上，根系浸没于营养液之中；营养液循环流动，既能提高营养液的溶存氧，又能消除根表有害代谢产物的局部积累和养分亏缺现象，还可促进沉淀物的重新溶解，因此，水培为根系提供了一个较稳定的生长环境，生产安全性较高。但是，植株悬挂栽植技术要求较高，深层营养液易缺氧，同时由于营养液量大，流动性强，导致水培设施需要较大的贮液池、坚固较深的栽培槽和较大功率的水泵，投资和运营成本相对较高。

深液流水培设施由盛栽营养液的种植槽、悬挂或固定植株的定植板块、地下贮液池、营养液循环流动系统四大部分组成。①种植槽。一般长 10~20m，宽 60~90cm，槽内深度为 12~15cm，有用水泥预制板块加塑料薄膜构成的半固定式和水泥砖结构构成的永久式等形式。②定植板。用硬泡沫聚苯乙烯板块制成，板厚 2~3cm，宽度与种植槽外沿宽度一致，可架在种植槽壁上。定植板面按株行距要求开定植孔，孔内嵌一只 7.5~8cm 塑料定植杯，幼苗定植初期，根系未伸展出杯外，提高液面使其距杯底 1~2cm，但与定植板底面仍有 3~4cm 空间，既可保证吸水吸肥，又有良好的通气环境。当根系扩展时伸出杯底，进入营养液，相应降低液面，使植株根茎露出液面，也解决了通气问题。③地下贮液池。是为增加营养液缓冲能力，创造根系相对稳定的环境条件而设计的，取材可因地制宜，一般 1 000m^2 的温室需设 30m^3 左右的地下贮液池。④营养液循环系统。包括供液管道、回流管道与水泵及定时控制器。所有管道均用硬质塑料管。每茬作物栽培完毕，全部循环管道内部须用 0.3%~0.5%有效氯的次氯酸钠或次氯酸钙溶液循环流过 30min，以彻底消毒。⑤营养液膜技术。营养液膜技术（简称 NFT）是一种将植物种植在浅层流动的营养液中的水培方法，NFT 种植槽用轻质的塑料薄膜制成，设施结构简单，成本低，其液层浅，仅为 5~20mm 深，作物根系一部分浸在浅层营养液中吸收营养，另外一部分则暴露于种植槽的湿气中，较好地解决了根系呼吸对氧的需求，但根际环境稳定性差，对管理人员的技术水平和设备的性能要求较高，且病害容易在整个系统中传播、蔓延，因此要求管理精细，目前，NFT 系统广泛应用于叶用莴苣、菠菜等速生型园艺植物生产。

营养液膜栽培设施主要由种植槽、贮液池、营养液循环流动装置和一些辅助设施组成。

种植槽按种植作物种类的不同可分为2类：一类适用于大株型作物的种植，另一类适用于小株型作物的种植。大株型作物用的种植槽是用0.1~0.2mm厚的面白里黑的聚乙烯薄膜临时围起来的薄膜三角形槽，槽长10~25m，槽底宽25~30cm，槽高20cm，为了改善作物的吸水和通气状况，可在槽底部铺垫一层无纺布；小株型作物的种植槽可采用多行并排的密植种植槽，玻璃钢或水泥制成的波纹瓦做槽底，波纹瓦的谷身2.5~5cm，峰距13~18cm，宽度100~120cm，可种6~8行，槽长20m，坡降1：（70~100）。一般波纹瓦种植槽都架设在木架或金属架上，槽上加1块厚2cm左右的有定植孔的硬泡膜塑料板做槽盖，使其不透光。

贮液池设于地平面以下，上覆盖板，以减少水分蒸发。贮液池容量以足够供应整个种植面积循环供液之需为宜，大株型作物一般每株5L，小株型作物每株1L。

营养液循环流动系统由水泵、管道及流量调节阀门等组成。水泵要严格选用耐腐蚀的自吸泵或潜水泵，水泵功率大小应与整个种植面积营养液循环流量相匹配。为防止腐蚀，管道均采用塑料管道，安装时要严格密封，最好采用嵌合的方式连接。

其他辅助设施主要有间歇供液定时器、电导率（EC）自控装置、pH值自控装置、营养液加温与冷却装置及防止一旦停电或水泵故障影响循环供液的安全报警装置等，可以减轻劳动强度，提高营养液调节水平。

（2）雾培　雾培又称喷雾培或气雾培，是指作物的根系悬挂生长在封闭、不透光的容器（槽、箱或床）内，营养液经特殊设备形成雾状，间歇喷到作物根系上，以提供作物生长所需的水分和养分的无土栽培技术。雾培以雾状营养液同时满足作物根系对水分、养分和氧气的需要，根系生长在潮湿的空气中比生长在营养液、固体基质或土壤中更易吸收氧气，它是所有无土栽培方式中根系水气矛盾解决得最好的一种形式，这是雾培得以成功的生理基础。同时雾培易于自动化控制和进行立体栽培，提高温室空间的利用率。由于雾培设备投资大，管理不甚方便，而且根系温度易受气温影响，变幅较大，对控制设备要求较高。

雾培主要有 A 型雾培、立柱式雾培和半雾培 3 种。①A 型雾培。"A"字形的栽培框架是该类型雾培的典型特征，作物生长在侧面板上，根系侧垂于"A"形容器的内部，间歇性沐浴在雾状营养液中。它可以节约温室面积，提高土地利用率，适用于空间狭小的场合，如宇宙飞船等。其主要设施包括栽培床、喷雾装置、营养液循环系统和自动控制系统，喷雾管设于"A"字形的封闭系统内，按一定间隔设喷头，喷头由定时器调控，定时喷雾。②立柱式雾培。作物种植在垂直的柱式容器的四周，根系生长在容器内部，柱的顶部有喷雾装置，可将雾状营养液喷到柱内根系上，多余的营养液经柱底部的排液管回收循环使用。可充分利用空间，节省占地面积。其主要设施包括立柱、喷雾装置、营养液循环系统和自动控制系统。立柱一般用白色不透明硬质塑料制成，柱的四周有许多定植孔定植作物，常用于栽培花卉、观叶植物及小株型蔬菜。③半雾培。指供作物的根系大部分或多数时间生长在空气中，少部分根系或短时间生长在营养液中，营养液以喷雾的形式喷入栽培床内，栽培床内迅速充满营养液，根系全部或部分浸泡在营养液中，停止喷雾后，栽培床内的营养液以一定的速度从床底部排液管流出，根系重新暴露在潮湿的空气中。半雾培也可看作是水培的一种形式。其主要设施包括栽培床、喷雾装置、营养液循环系统和自动控制系统。栽培床上部盖有 2~3cm 厚的聚苯乙烯泡沫定植板，喷雾装置在栽培床的侧壁上部，每隔 1~1.5m 有 1 个喷嘴。

第四章　设施内环境因素的作用及调控技术

设施中通过对温、光、空气湿度的调控，可创造出有利于蔬菜的生长发育而不利于病、虫、草害发生的环境条件。夏天棚室内的光照过强、温度过高，可用遮阳网、防虫网遮光、降温、隔离，以减少病虫草害的发生。冬季棚室内的光照过弱、温度过低、空气湿度过大易发病，棚室上可使用防雾、防尘的保温膜，内部用无纺布作二道膜予以保温，必要时，在棚室内再建一小拱棚，并在拱棚上盖薄膜、草帘保温，地面铺地膜能进一步提高土壤温度，降低空气湿度。设施栽培可根据生产的需要，盖1层、2层、3层、4层甚至5层塑料膜保温。冬春室内外温差很大，棚室内低温高湿时，容易结露滴水，产生病害，为降低空气湿度，除增温、补光外，最好对棚室内地面用薄膜全面加以覆盖，即棚内地膜覆盖区域应包括沟渠道路在内。这样才能有效减少土壤水分蒸发，降低棚室内空气湿度，防止病、虫、草害在棚室内发生蔓延。

第一节　温度的作用及调控技术

设施有升温和降温两种效果。日光温室和阳畦、温床等白天太阳辐射进入设施内，使设施内气温、地温升高，晚上薄膜又能阻止设施内土壤、空气的长波辐射，再加上墙体和不透明保温覆盖材料的保温作用，从而使设施内气温和地温高于外界，这就叫温室效应。但设施内的温度分布并不均匀，昼夜温差也较外界大。遮阳网不同的覆盖方式和时间产生不同的温度效应，无纺布和防虫网也是如此。设施内的温度调节可以从以下几个方面考虑。

◎ 设施结构要严密，建筑要达到设计的保温要求。

◎ 为了提高温度，要尽可能改善光照。

◎ 可采用多层覆盖，在温室和大棚中设 1 层天幕，1 层小拱棚，1 层地膜。张挂无纺布、遮阳网等，但覆盖不宜超过 4 层。

◎ 选用保温性能好的保温覆盖材料，有条件的可以用棉被等。

◎ 必要时用炉火、热风炉、蒸气、电热线等加温。

◎ 如果设施为了降温，可以选用适宜规格的遮阳网或者通过喷灌、地面洒水、灌溉等方法，增大水分蒸发耗热降温。4—5 月利用通风导入外界温度低的空气可以降低设施内短时出现的不良高温，亦可提前揭开或推迟草苫覆盖进行降温。

第二节　光照的作用及调控技术

设施不同，设施内光照条件也不同。日光温室，大、中、小拱棚和阳畦等要求设施内光照条件要尽可能好，因为光是这些设施中热量的主要来源，而遮阳网、无纺布和防虫网等都有一定程度的遮阴作用，要选用适当的规格、颜色使其遮阴不影响植物的生长发育，扬长避短，设施内的光照由于吸收、反射、遮阴等影响，一般只有露地的 50%~80%，而且光照分布不均匀，紫外线透过率低。调控光照可以从以下几个方面考虑。

◎ 优化设施结构。包括选择适宜的结构类型，严格把握结构参数，减少骨架遮阴等。

◎ 充分利用反射光。可以在温室内壁涂白，在温室北墙张挂反光膜等。

◎ 选用质量好，规格适当的覆盖材料。如果设施要求光照要好，就要选透光率高的防老化无滴膜。对于遮阳网、无纺布、防虫网，要注意不同规格型号对光照的影响。

◎ 清除表面杂物，减少遮阴。如果设施覆盖有不透明保温覆盖材料，揭开不能太晚，盖上不能太早。要及时清除薄膜上的灰尘、草屑等。

◎ 栽培措施。栽培中要合理地整形、修剪，及时去除下部的老叶、病叶，合理密植。

◎ 人工补光。人工补光可以用白炽灯或日光灯等，但运行费用较高，在花卉、蔬菜育苗时有所应用。

第三节　水肥的作用及调控技术

设施栽培生产过程中，水肥是影响设施作物生产品质和产量的重要因素，生产者对水肥的优化调控是提高设施作物品质和产量的有效手段，由于设施栽培和露地栽培的环境条件不同，空间有限，所以不合理的施肥和浇水会导致土壤的严重板结，病原菌和虫卵的滋生，使设施栽培作物的品质下降、产量降低，影响了设施农业的良性发展。因此，定量分析和研究设施栽培作物的水肥调控技术，是设施栽培生产中首要解决的问题，合理的施肥和浇水能有效提高作物水分和肥料的利用率，提高设施作物的品质。水分和养分不仅是影响作物干物质积累和经济产出的主要因素，而且能有效调控作物产量和品质。只有依据作物的需水需肥规律，合理进行土壤水分调控，以水调肥，促进营养吸收，优化水肥管理，才能达到优质高产和水肥的高效利用。我国的设施蔬菜发展迅速，为了增加蔬菜商品产量，提高经济收入，盲目投入大量水肥的现象普遍存在。大大超过蔬菜的实际需要，造成肥料利用效率偏低，同时对土壤和地下水存在潜在的污染威胁。与常规大田作物种植相比，设施蔬菜栽培的环境较特殊，受复种指数高、施肥过多、频繁灌水、耕作制度特殊和相对封闭环境等的影响，温室土壤次生盐渍多、结构破坏、酸化板结和养分平衡失调等问题比较突出，不但影响蔬菜产量和品质，而且严重破坏土壤生态环境和人体健康。设施蔬菜传统的水肥投入大多会造成土体硝态氮的淋失，并且可能对地下水产生污染。加强设施蔬菜的水肥管理及科学供给，合理调控水肥供给，改善土壤生态环境与质量，所以实现最佳水肥耦合模式成为设施蔬菜优质稳产和绿色发展的关键。

一、国内外现状

研究表明，作物的水分利用具有较高的可塑性。非充分灌水能满足作物代谢需水，提高作物的抗逆功能，刺激作物补偿吸水的性能，因此，能显著增加水分利用率。调亏灌溉和根系分区交替灌溉是节水灌溉的两种典型模式。

我国学者对设施蔬菜节水灌溉的水分利用效率、生理生长特性以及产量和品质做了较多研究，而将节水灌溉和施肥相结合的研究较少。通过节水模式和理论研究，揭示不同节水模式对设施栽培蔬菜需水及土壤水分运动与分布的影响规律。节水灌溉能有效调控作物生长冗余、调节光合产物在根冠间的比例和分配，阐明节水灌溉叶片水平上的节水机理，而且能节约水资源和生产用肥，降低设施作物的生产成本，提高设施作物产品的竞争力。光合作用速率是植物生理性状的一个重要指标，也是估测植株光合生产能力的主要依据之一，其变化除决定于植株本身的生物学特性外，还受外界环境因素的影响，有研究表明，灌水或施肥过多过少都引起作物叶片光合作用速率，降低灌水、施氮和施磷对作物产量和叶片光合作用速率影响的效应趋势基本相同，二者呈显著正相关。李邵等研究不同水肥供应对温室黄瓜生长发育的影响及水肥间的耦合效应，试验结果表明，在 3kPa 和 5kPa 水分条件下，提高施肥水平能促进黄瓜植株的生长提高叶片的光合速率和水分利用效率，同时还发现，在 7kPa 的低水分条件下，N1200、P600、K600 的过高施肥水平反而会抑制黄瓜植株的生长，降低叶片光合速率，水分利用效率也较低。

二、水肥耦合效应对设施作物产量影响的研究

设施作物栽培生产中水分和肥料是作物生长过程中不可缺少的因子，优化的水肥组合能提高设施作物的产量和品质，提高水分和肥料的利用率，而水肥调控失调会导致设施作物生长受阻，会严重影响设施作物的品质和产量。设施农业是人为可以控制环境的特殊农业，其中，水分和肥料是环境中的两个变量，目前，设施作物的水肥调控研究，还处于初级阶段，设施农产品无公害生产精准灌源管理技术，采用高频灌源管理制度，"少灌勤灌"，以各类作物不同生育期生长的需水规律为灌溉原则而定，以土壤水分的消长作为控制指标，运行管理微灌系统。设施农产品无公害生产精准灌溉以实时采集土壤墒情信息为基础、灌源适时分析决策系统为依据，指导适时适量灌液。

精准施肥技术管理即以目标产量为基准，针对设施耕作层进行测土平衡施肥，以有机肥为主施入基肥，根据各类作物不同生育期生长的需肥规律，核定出各类作物不同生育期养分补充定额，通过微灌系统，实施精准补充。通过对不同生育期各类作物的营养诊断，结合作物养分分析体系，确定微量肥量的补充定额，通过微灌系统进行作物根系施肥。

第四节　空气湿度的作用及调控技术

空气湿度大是设施的一个基本特征。土壤湿度变幅较小，但分布不均匀。湿度的调控可以从以下几个方面考虑。

一是通风排湿。设施湿度调节的重要措施，尤其在浇水、喷肥、喷药后，阴雨天、早晨和日落前后更应注意通风降湿。二是减少地面蒸腾。主要采用地膜覆盖、膜下暗灌等措施。三是采用无滴膜覆盖。采用无滴膜，空气中的水汽在膜上凝结成水膜下流，空气湿度就不会过大。四是采用滴灌等先进的灌溉技术。

第五节　设施内二氧化碳与有害气体的作用及调控技术

一、设施内二氧化碳的作用及调控技术

设施内的气体条件和外界大不相同，外界环境中 CO_2的浓度基本恒定，而设施内的 CO_2浓度有一个变化曲线，这个曲线在夜间至凌晨时较高，13—14 时最低，和植物的光合作用正好相反，而且对于植物的光合能力而言，设施内的 CO_2浓度远不能满足其要求。CO_2浓度的调控可以从以下两个方面考虑：一是设施的封闭性给 CO_2气肥的施用提供了基本条件。二是补充 CO_2可以通过增施有机肥，或通过化学反应如稀硫酸和碳酸氢铵、盐酸和石灰石等产生 CO_2，有条件的可用 CO_2钢瓶直接施用 CO_2。

二、设施有害气体的发生与防止技术

农业设施特别是大棚、温室密闭性强，各种气体都容易在设施内积累，有些气体达到一定浓度时会对种植、养殖对象产生毒害作用。常见的有害气体有氨气、亚硝酸气体、二氧化硫、一氧化碳和薄膜挥发气体等。

1. 氨气

（1）为害症状　棚室内空气中氨气浓度达到 5mL/m^3 时，可使植物不同程度受害，浓度再大，有刺鼻气味，引起动物呼吸困难。40mL/m^3 时，经 24h 作物均可受害。对氨气反应敏感的蔬菜有黄瓜、番茄、辣椒、小白菜等。氨气从叶片的气孔、叶缘处侵入后，首先使叶片出现水浸状斑，叶内组织白化、变褐枯死，类似霜冻之后的植株。中部叶片先发生，以后随浓度增大，扩展到上部、下部叶片。通

风排除氨气或消除氨气发生源后，植株可恢复生长。

检验温室内有无氨气积累，可在早晨揭苫后马上测试棚室膜上凝结水滴的 pH 值。正常情况下，棚膜水滴应为中性到微碱性，pH 值为 7~7.2。早晨进入棚室在不通风情况下，用 pH 试纸直接沾棚膜水滴浸润纸条，然后与标准色阶比较，当 pH 值大于 7.5 时，可认为氨气发生和积累，需找出根源予以排除。

（2）发生原因　①施入的化肥、有机肥直接产生大量的氨气。如在棚室内撒施碳铵，施入新鲜人粪尿和鸡粪。在棚室里养鸡或鸡舍与棚室相通，就会出现氨害。②施入的化肥、有机肥在土壤中经过分解、发酵或与某些物质反应间接产生氨气。如地表撒施尿素、饼肥等，施入土中的硫铵遇石灰时反应放出氨气。③室内堆闷发酵饼肥、鸡粪等。

2. 二氧化氮

（1）为害症状　棚室内二氧化氮的浓度达到 $2mL/m^3$ 时，即可使叶片受害，对亚硝酸气体敏感的作物有黄瓜、莴苣、番茄、青椒、茄子等，尤其是茄子最敏感。该气体从叶片气孔侵入叶肉组织，开始时气孔周围组织受害，最后使叶绿体破坏而出现褪绿，呈现白斑，浓度高时叶脉也变成白色而枯死。受害部分与健康部分界限比较明显，从叶背看受害部分下凹。

（2）发生原因　一是土壤严重酸化至较强酸性（pH 值在 5 以下）；二是土壤中有大量氨的积累；三是有经过强酸高盐浓度条件驯化了的土壤微生物（反硝化细菌）的大量存在。

一般施入土壤中的氮肥，都要经过有机态→铵态→亚硝酸态→硝酸态，最后以硝酸态氮被植物吸收利用。若因以上原因发生转化不平衡，亚硝酸在土壤中大量积累，在土壤强酸性条件下，亚硝酸变得不稳定而发生气化，造成作物受害。

氨气与亚硝酸气体为害症状相似，鉴别方法相同。所区别的是亚硝酸气体所反应的 pH 值是酸性，测定的 pH 值在 6.5 以下。

3. 二氧化硫

（1）为害症状　棚室内二氧化硫的浓度在 0.5~1mL/m^3 时，即可造成为害。二氧化硫先从气孔进入叶片，水化成亚硫酸和硫酸，发生毒害。叶肉组织受害后失去膨压而萎蔫，产生水浸状斑，最后变成白色（黄瓜、番茄、辣椒等）或深色（茄子、南瓜）等。叶片上出现界限分明的点状或块状坏死斑。严重时，斑点可连接成片，受害较轻时，斑点主要发生在气孔较多的叶背面，敏感作物有番茄、茄子、辣椒、白菜、莴苣，抗性中等的有黄瓜、甘蓝、菜豆等。

（2）发生原因　棚室内用硫黄粉熏蒸消毒或者燃煤加温时含有硫化物的烟气进入室中。

4. 其他有害气体

（1）邻苯二甲酸异丁酯　该物质是塑料薄膜增塑剂，随温度升高不断游离出来。为害症状是叶脉的叶肉褪绿，变白，叶片生长受阻，严重时全株枯死。受害部位主要是心叶和叶尖等幼嫩组织。敏感的蔬菜有甘蓝、花椰菜、小萝卜、西葫芦、黄瓜等，茄子、辣椒、番茄、莴苣次之。

（2）乙烯　聚氯乙烯薄膜在使用中要放出乙烯，当浓度达到 0.1mL/m^3 时，作物开始受害。乙烯通过气孔进入植物体，能扩散至全株，引起生理失调，叶片下垂、弯曲，进而褪绿变白、变黄，植株畸形、死亡。敏感蔬菜有黄瓜、番茄等。

（3）氯气　用氯化苦作土壤消毒时，若排放不净，即产生为害。氯气侵入叶片组织后，叶绿体先受到破坏，进而褪绿，变黄、变白，严重时枯死。敏感作物有甘蓝、花椰菜、水萝卜等，其次是西葫芦、西瓜、黄瓜等。用氯化苦进行消毒后，一定要充分通风，一般需经 7~10d 方能排净土壤中残存的氯气。

（4）一氧化碳　室内明火加温时易形成大量的一氧化碳，有时会造成人、畜、禽窒息等严重后果。

防止氨气和二氧化氮为害的措施主要是避免一次施用过量的速效氮肥，在土表施后应盖土或浇水。鸡粪、猪粪、饼肥应腐熟后施入棚室内。冲施鲜粪或碳铵时应加大通风。冬春季节避免阴天施肥，加大棚室通风量是预防和挽救氨气为害的主要措施。加温时选用优质煤并防止烟道漏烟，以防止二氧化硫的发生。防止塑料中的增塑剂、乙烯以及土壤消毒时产生的氯气等为害，主要应选用优质农膜，遇到为害时应及时通风换气或更换农膜。

第五章　设施果蔬病虫害防治技术

第一节　病虫害的预测预报

病虫害预测预报是根据病虫害发生、流行规律综合分析、推测未来一段时间内病虫发生、扩散和为害趋势的综合性科学技术。预测预报需要应用有关的生物学、生态学知识和数理统计、系统分析等方法。预测结果应以最快的方式发出通报，以便及时做好各项防治准备工作。

准确的病虫测报，一是可以增强病虫害防治的预见性和计划性，便于提早采取应对措施，实施有效防控计划，提高防治的经济效益、生态效益和社会效益，二是病虫测报所积累的系统资料，可以进一步掌握有害生物的动态规律，分析栽培环境内各类因子与病虫发生为害的关系，为因地制宜地制订最合理的综合防治方案提供科学依据，不仅对当年当季的农业生产有益，对指导实施长期综合治理也具有重大意义。

一、预测预报的目的

一是发生期预测。预测病虫的发生和为害时间，以便确定防治适期。发生期预测中常将病虫出现的时间分为始发期、盛发期、高峰期和终见期。

二是发生量及范围预测。针对害虫，需要预测在不同时期内发生数量、发生区域，以便决定是否需要防治，以及需要防治的范围和面积。

三是为害程度预测。在发生期、发生量及范围预测的基础上，针对感病、感虫品种的种植重量、区域和易受病虫为害的生育期与病虫盛发期的吻合程度，同时结合气象资料的分析，预测其发生的轻重及为害程度。

二、预测预报的科学依据

植物病虫害的发生和流行有规律，预测预报就是以其规律为科学依据。

病害能不能流行主要取决于以下 3 个要素：一是感病寄主作物的栽培数量和集中程度；二是病原物的发生与存在数量；三是环境条件状况，如是否有利于病原物的侵染、繁殖、传播、越冬，能否提高寄主的抗病性。

虫害能不能猖獗发生取决于以下 4 个因素：一是害虫的发生基数和繁殖能力、抗逆能力以及迁移扩散能力；二是环境条件中的温度、湿度等气象条件是不是适宜害虫的生存、繁殖；三是天敌的种类和数量；四是害虫的食物来源状况，包括作物的种类和品种、长势和栽培管理等是否有利于害虫的取食为害。

通过对上述情况的全面监测，及时掌握在不同条件下影响病害流行和虫害种群数量变动的主导因素，便可作出比较准确的病虫害预测预报。

三、预测预报基本方法

常用的预测预报方法有以下几种。

1. 发育进度预测法

根据害虫田间发育进度参照当时气温预报和相应的虫态历期，推算以后虫期的发生期。

2. 害虫趋性预测法

根据害虫的趋光性、趋化性以及取食、潜藏、觅偶和产卵等生物学特性而设计、采取各种诱集方法，如利用多种诱虫灯、诱虫器、树枝把、谷草把、黄色盆以及性诱剂等诱集害虫，进行预测。

3. 依据有效基数预测法

害虫的发生数量通常和前一世代或前一虫态有密切关系，基数大，则下一虫态或下一世代的发生可能多，反之则少。

4. 数理统计预测

病虫害的发生期、发生量和为害程度的变动和周围的物理环境条件（温度、降水量、土壤等）和生物环境（天敌、食物等）的变动密切相关。病虫害、天敌昆虫发生的数量特征与环境特征之间的相互关系可用数理统计法进行定性或定量分析，据此发出数理统计预报。常用的方法有函数分析法。

5. 异地预测法

一些远距离迁飞性害虫和大区流行性病害可异地进行预测，因虫源或菌源可随气流迁往异地。

（1）害虫　逐代呈季节性往返迁移，其迁移的方向和降落区域的变动又受随季风进退的气流和作物生长物候的季节变换制约。因此，可根据发生区的残留虫量和发育进度，结合不同层次的天气形势以及迁入区的作物长势和分布，来预测害虫迁入的时间、数量、主要降落区域和可能的发生程度。

（2）植物病害　也可根据发生区的菌源量、气流方向以及作物抗病品种的布局和长势，来预先估计可能的发生区域、发生时间和流行程度，并可应用综合分析、预测模型和电算模似等手段辅助进行。

6. 电子计算机预测法

应用电子计算机技术和装置，将经研究得出的有害生物和有益生物发育模型、种群数量波动模型、作物生长模型、防治的经济阈值和防治决策等储存入电脑，通过各终端系统输入各有关预报因子的监测值后，即可迅速预报有关病虫发生、为害和防治等的预测结果。

四、预测预报基本原则

一是深入研究病害流行规律及害虫种群的生物学特性。

二是深入研究病害及害虫与其外界环境之间的相互关系。包括捕食性天敌、寄生性天敌和各种病原微生物因子，以及温度、湿度、降水、光照等非生物因子。

三是采用正确的试验设计和简便易行的抽样方法。

四是计算技术和统计方法的科学性。

第二节　病虫害的综合防治技术

植物病虫害综合防治是一个病虫控制的系统工程，是根据经济、生态和社会影响的预测，对病虫害控制方案进行选择、综合和实施的过程。

一、病虫害综合防治的目的及意义

农业生产过程中，蔬菜、病虫、天敌三者共同生活在一个环境中，它们的发生、消长、生存又与这个环境的状态关系极为密切，生物与环境共同构成一个生态系统。

1. 保护生态

综合防治就是在育苗、移植和栽培管理过程中，通过有针对性地调节和操纵生态系统里一些组成部分，以创造一个有利于植物及病虫天敌生存，而不利于病虫滋生和发展的环境条件，从而预防或减少病虫的发生与为害。

2. 安全有效

综合防治就是在针对控制病虫为害对整个生态系统当时和以后的影响基础上，灵活、协调地选用一种或几种适合蔬菜生产实际条件的有效技术和方法。如蔬菜管理技术、病虫天敌的保护和利用、物理机械防治、化学防治等措施。对不同的病虫害，采用不同的对策，措施之间相互辅佐，取长补短，并注意实施的时间和方法，达到最好的防治效果。同时，将对生态系统内外产生的副作用降到最低限度，既控制了病虫为害，又保护了人、天敌和植物的安全。

二、病虫害综合防治方案及内容

一是立足于生态学和环境保护的观点，分析病虫害的自然控制因素，在植物生产、栽培管理等过程中，充分应用改善农事操作、设施结构、温湿度及水分调节等栽培管理技术控制病虫害的发生和流行程度，形成农业、物理控制体系。

二是根据病虫害与天敌之间的相互依存和互相制约这一自然规律，优先利用自然因素，特别是保护利用天敌，同时，适当运用人为防治手段，如害虫不育技术、引诱（糖醋液、诱虫灯）扑杀、粘虫板、生物菌剂等技术控制病虫害的发生和流行，形成生物、物理控制体系。

三是在应用农业、物理、生物措施的基础上必要时施用无公害或高效低毒的农药，预防病虫害的发生，降低病虫害发生程度，控制病虫害为害程度在允许范围内。

第三节 化学农药的无害化使用技术

化学农药是指用于预防、消灭或控制为害农业、林业的病、虫、草和其他有害生物，以及有目的地调节植物、昆虫生长的化学合成，来源于生物或其他天然物质的一种或几种物质的混合物及其制剂。

化学农药的应用是当前农业生产中防治病虫害的主要手段，在目前的农业生产和植物保护中的作用已经无法取代。现代农业要维持持续稳产、高产都离不开化学农药。

化学农药在促进农业生产和植物保护的同时对环境也会产生一定

影响，在农药使用不合理或者滥用的情况下，会污染环境和农作物，随着我国现代农业的发展和对环境保护的重视，人们对农药及其使用技术提出了更高的要求，所以正确掌握化学农药在农业生产中的科学使用极为重要。安全科学使用农药不仅可以减少农药用量、人畜中毒，减轻环境污染，避免对有益生物的伤害，延缓有害生物抗药性的发展，还可以提高对有害生物综合治理的技术和水平，获得良好的社会、经济和生态效益，使农药在农业生产中发挥更积极的作用。

一、化学农药的使用条件

1. 了解化学农药的特性

了解化学农药的特性是科学合理使用农药的前提条件，化学农药种类繁多，防治对象也各异，必须对农药的理化性质、毒性和生物活性特点有一个全面了解，才能做到科学使用。全面掌握农药各剂型特点，根据需要选择合适的剂型，是科学使用农药的重要组成部分。

2. 掌握防治对象的生物学特性及为害规律

全面掌握防治对象的生物学特性及为害规律，有利于选择适当的化学农药、制剂形态、使用方法和最佳施药时期。化学农药的使用一般有两个方面的作用，一方面促进作物自身生长能力和抗病虫能力，另一方面则是直接作用于病虫害。所以在选择使用化学农药的时候，要对防治对象的特性有全面的了解，掌握其生物学特性及变化规律，这样才能做到有的放矢。

3. 掌握化学农药使用的有关环境条件

化学农药是一种人工合成的专门用于农业生产和植物保护的化学物质，这种物质的使用对自然条件有严格要求。由于不同地区环境条件的差异而导致药效差别很大，其中，最主要的环境因子包括气温、降水、湿度和土壤类型等，在用药时环境条件的改变不但可明显影响生物体的生理活动，还可影响药剂的理化性质，因此把握农药使用的相关环境条件亦至关重要。

4. 有针对性地选择农药

各种病菌、害虫、杂草，其机体构造、生理机能、生活习性不同，对药剂的敏感性或抵抗力差异也很大，同一种药剂对不同防治对象的药效不同，同一种防治对象对不同的药剂也表现出不同的抵抗力。此外，同一种病菌、害虫、杂草的不同发育阶段，其形态结构、生理机能、生活习性也不全一样，对药剂抵抗力也有显著差别。因此，要根据不同的防治对象和作物，选择适宜的农药。在选择农药时，一定要弄清防治对象的生理机能和为害特点，农作物品种及生育期，做到“对症下药”。

二、采用适当的施药方法

采用适当的施药方法，对降低农药用量、减少用药次数、节约成本、防止污染和保护农业生态有重要意义。

1. 根据农药剂型确定施药方法

不同农药剂型各有其特定的使用器械和方法，应根据农药剂型确定施药方法，如乳油和水剂适用于喷雾，油剂适用于超低容量喷雾，粉剂和颗粒剂宜于拌种或撒施等。

2. 根据防治对象特点选择施药方法

防治温室等密闭场所害虫，可采用熏蒸法；防治土传病害，可采用土壤处理法；防治种传病害，应采用浸种或拌种法等。

3. 根据施药部位选择施药方法

防治对象所处的部位不同，施药方法也各异。如防治叶背面的蚜虫、叶螨等，应使用喷雾法；防治地下害虫，可采取土壤处理法等。

4. 根据施药环境选择施药方法

环境因素对农药的防治效果影响很大，施药方法要根据具体环境条件确定。如雨季期间，可在下雨间隙时使用喷粉法；为降低温室内的空气相对湿度，不宜过多使用喷雾法，可采用粉尘法。

5. 根据有益生物特点选择施药方法

为减少对有益生物的影响，应不用或少用对有益生物杀伤力大的喷雾法和喷粉法，而采取毒饵、毒土、拌种、蘸根、涂茎及撒施颗粒剂等方式，可有效防治病虫害，且对有益生物影响较小。

三、确定正确的施药时间

1. 根据防治对象特点确定施药时间

根据防治对象的生物学特性及其发生规律，寻求其最容易被杀伤的时期施药。如保护性杀菌剂一定要在发病前或发病初期使用，一般在害虫卵孵化盛期或幼虫初龄阶段用药，防治效果好；防治日出性害虫应安排在8—9时，此时露水已干，温度也不高，正是日出性害虫取食、活动最旺盛的时候，此时用药不会因为有露水而冲淡药液或因温度过高而使农药分解；防治夜出性害虫应安排在17—18时，因为此时可以避开强光、高温时段，害虫即将开始活动时用药有利于杀死害虫。

2. 根据防治指标确定施药时间

当自然控制因素和其他防治措施无法控制防治对象时，要调查防治对象的发生数量，确定是否需要进行药剂防治，调查防治对象的发育期，确定防治适期。

3. 根据气候条件确定施药时间

根据气候条件选择适当时间用药，提高防治效果，其中温度、风、雨的影响较大。如雨天、大风天和中午高温不能喷药；早晨露水未干时不能喷雾，喷粉效果好；撒毒饵防治地下害虫傍晚为好。只有在具备适宜的气候条件下施药，才能取得最佳的防治效果。

4. 根据农药的安全间隔期确定施药时间

施药时要遵守农药的安全间隔期，在采收前不可任意喷施农药，保证产品中农药残留量低于最大允许残留量。

四、交替、轮换使用农药

农药使用过度会带来“3R”问题：抗性、残留、再猖獗。长期连续使用同一种农药、随意增加用药次数和使用浓度是导致病虫害产生抗药性的主要原因。科学合理地交替、轮换使用不同作用机理的农药，可以提高防治效果，扩大防治对象，延缓有害生物的抗性，降低防治成本，充分发挥现有农药的作用。

可以根据当地病虫害的发生特点及农药的供应情况，选用作用机制各不相同的几大类杀虫剂进行轮换、交替使用。同一类制剂中的杀虫剂品种也可以互相换用，但需要选取那些化学作用差异比较大的品种在短期内换用，如果长期采用也会引起害虫产生交互抗性。已产生交互抗性的品种不宜换用。在杀菌剂中，一般治疗性杀菌剂比较容易引起抗药性，保护性杀菌剂不容易引起抗药性。因此，除了不同化学结构和作用机制的治疗性药剂间轮换使用外，治疗剂和保护剂之间是较好的轮换组合。还要注意新老农药品种交替使用及毒性偏高和低毒农药品种的灵活运用。

五、科学混用农药

混用农药是将含有两种或两种以上不同有效成分的农药制剂在田间使用时混配现用。农药混合制剂是指农药厂将两种或两种以上农药有效成分混配加工的农药制剂。科学合理混配农药，可在一次施药中，兼治两种或多种同时发生的有害生物，扩大防治范围；混用药剂间取长补短，可提高防效或延长残效期；可防止和克服有害生物产生抗药性，延长农药品种的使用年限；能降低农药用量、降低防治成本、减少环境污染及对天敌的为害。

混配农药虽然可以产生很大的经济效益，但切不可任意组合，田间应现混现用，混用的品种不宜太多，一般以 3 种为限。应坚持先试验后混用、混合后农药间不发生不良的化学和物理变化（絮结或大量沉淀等）、不增加对作物的药害、提高药效、降低成本、减少对人畜毒性的原则，否则不仅起不到增效作用，还可能产生增加毒性、增强病虫抗药性等不良作用。

第四节　主要病害的识别与防治

一、主要病害种类

设施蔬菜病害种类较多，从引起病害原因及病因分类，分为侵染性病害、非侵染性病害两大类。

1. 侵染性病害

植物侵染性病害指的是植物受病原物寄生引起有传染能力的病害，也可称寄生性病害或传染性病害。根据病原生物不同，侵染性病害又分以下四类：真菌性病害、细菌性病害、病毒病、线虫病。

2. 非侵染性病害

由于生长条件的不适宜或环境中有害物质的影响引起的生理病害，并没有其他生物的侵染，不能相互传染，所以一般称作生理病害或非传染性病害。包括温度、光照、水肥控制不当引起的生理反应，农药使用不当产生的药害等。

二、主要病害识别与防治

（一）猝倒病

猝倒病俗称“倒苗”“小脚瘟”，主要为害茄类、瓜类、叶菜类、豆类等蔬菜的幼苗。

1. 症状

猝倒病常发生在幼苗出土后、真叶尚未展开前。发病初期在幼苗近地面处的茎基部或根茎部生出淡黄褐色水渍状病斑，很快病部缢缩成线状，引发幼苗成片倒伏，一拔即断。湿度大时，在病部或其周围的土壤表面生出一层白色絮状霉层。

2. 发病条件

越冬的病菌借助雨水、灌溉水传播。病害的发生与温度、湿度、光照和管理都有密切关系。土壤温度低，湿度大，最有利于病菌的生长和繁殖，且不利于幼苗的生长，光照不足、播种过密、间苗不及时、通风不良，均易诱发病害流行。

3. 防治技术

(1) 选好苗床　要选择地势较高、地下水位低、排水良好的田块作苗床。床土应选用无病新土，若非新土则必须对土壤进行处理。

(2) 种子和苗床消毒　种子处理用甲基硫菌灵 500 倍液浸种 15~20min 进行杀菌消毒。重茬地或旧苗床育苗时则要进行土壤消毒。每平方米苗床用 50%拌种双可湿性粉剂，或用 50%多菌灵可湿性粉剂，或用 25%甲霜灵可湿性粉剂 8~10g，拌入 10~15kg 干细土配成药土，混入营养土中。在出苗前要保持苗床上层湿润，以免发生药害。

(3) 加强苗期管理　适当控水，提高地温，还要结合天气情况，经常通风换气，降低床内的空气湿度。苗期浇水适量即可，切忌大水漫灌。要盖好棚膜，防止幼苗低温受寒。

(4) 药剂防治　发现病苗立即拔除，并喷洒 72.2%霜霉威水剂 400 倍液，或用 70%代森锰锌可湿性粉剂 500 倍液，或用 15%恶霉灵水剂 1 000 倍液等药剂，每平方米苗床用配好的药液 2~3L，每 7~10d 喷 1 次，连续 2~3 次。

(二) 立枯病

立枯病又称“死苗病”，寄主范围广，除茄科、瓜类蔬菜外，一些豆科、十字花科等蔬菜也能被害。

1. 症状

立枯病多发生在育苗的中后期。主要为害幼苗茎基部或地下根部。发病初期，茎部出现椭圆形或不规则形暗黑色病斑，病斑逐渐凹陷，边缘较明显，病斑扩展绕茎一周，开始时仅个别幼苗白天萎蔫，夜间恢复，经数日反复后，茎部萎缩干枯后死亡，但不倒伏，区别于猝倒病。根部染病，近土表根茎处的皮层变褐色或腐烂。

2. 发病条件

病菌在土壤中越冬，且可在土壤中腐生 2~3 年，病菌喜高温、高湿环境，能直接侵入寄主，可通过雨水、流水、带菌堆肥等传播。土壤水分多、施用未腐熟的有机肥、播种过密、幼苗生长衰弱等田块发病重。育苗期间阴雨天气多的年份易发病，尤其是久旱，突然遇雨发病重。

3. 防治技术

（1）实行轮作　与禾本科作物轮作可减轻发病。

（2）种子处理　可用 50%多菌灵 500 倍液浸种 1~2h，然后将种子用清水洗净后进行催芽。

（3）苗床土壤处理　可用 38%恶霜嘧酮菌酯，每亩* 用量 25~50mL，均匀喷施于苗床。严格选用无病菌新土配营养土育苗。

（4）加强管理　应及时剔除病苗并于室外集中销毁，还应注意建立适宜的作物生长环境，及时进行通风，雨后应中耕破除板结，以提高地温，松疏土壤，增强幼苗抗病力。

（5）药剂防治　发病初期可用 30%倍生乳油 1 000 倍液，或用 5%井冈霉素水剂 1 000 倍液，或用 45%噻菌灵悬浮剂 1 000 倍液，或用 72.2%霜霉威水剂 800 倍液喷洒秧苗茎基部，每隔 7~10d 喷 1 次，连喷 3~4 次。

（三）炭疽病

炭疽病是西瓜、甜瓜、黄瓜、茄子、辣椒等果蔬的一种主要病害，发病田块一般减产 10%~30%，重病田可减产 60%以上，严重时甚至绝收。

1. 症状

炭疽病在整个生育期均可发病，但以植株生长中后期发病较重，造成落叶枯死，果实腐烂。在叶、蔓、果均可发病。叶片病斑，初为圆形淡黄色水渍状小斑，后变褐色，有同心轮纹和小黑点，病斑扩大

---

* 1 亩≈667m^2。全书同。

相互融合后易引起叶片穿孔，严重时可引致落叶；叶柄和蔓上病斑梭形或长椭圆形，初为水浸状黄褐色，后变黑褐色，稍凹陷；果实染病初期呈水浸状凹陷形褐斑，凹陷处呈龟裂，湿度大时，病斑中部产生粉红色黏稠物。该病有明显的潜伏侵染现象，有时买来的西瓜、辣椒未见发病，但储存数日后，会产生很多炭疽斑。

2. 发病条件

炭疽病属高温高湿型病害，主要以菌丝体或拟菌核在土壤中的病残体或种子上越冬，翌年遇适宜条件传播。在田间病原可借风雨或灌溉水、昆虫和花粉传播，湿度较大的连阴雨天气也十分有利于该病发生。地势低洼、排水不良、施肥不足、氮肥过多、通风不良、重茬地块发病重。重病田或雨后收获的果实在贮运过程中也可发病。

3. 防治技术

（1）选用抗病品种。

（2）种子处理 培育无病壮苗，即55℃温水浸种15min后冷却。

（3）合理管理 实施轮作，避免重茬；适当增施磷、钾肥，减少氮肥用量，使植株长势健壮；保证排灌畅通，防止积水，雨后及时排水；合理密植，科学整枝，加强通风透光。

（4）药剂防治 科学使用杀菌农药。发病初期喷洒50%甲基硫菌灵可湿性粉剂800倍液加75%百菌清可湿性粉剂800倍液，或用50%多菌灵可湿性粉剂800倍液混合喷洒。此外还可选用80%炭疽福美可湿性粉剂800倍液喷雾防治，每7~10d防治1次，连防3次左右。若喷药后遇到雨天，应重新喷施。

（四）蔓枯病

瓜类蔓枯病发生较为普遍，在其整个生育期均可发病。蔓枯病病情严重时，可造成茎叶萎蔫，进而出现大量死藤。一旦发生，对作物产量及品质都有较大影响。

1. 症状

蔓枯病主要发生在茎蔓上，也侵害叶片和果实。茎蔓发病，茎节附近产生灰白色椭圆形至不规则病斑，斑上密生小黑点，病势发展后，病部溢出琥珀色胶状物；叶片染病，多从叶缘开始，产生“V”字形或圆形、不规则形黑褐色病斑，多具轮纹，后期产生小黑点，湿度大时病斑迅速扩及全叶，致叶片变黑枯死；果实染病，初期产生水渍状病斑，后病斑中央变褐呈星状开裂，内部呈木栓状干腐，最后腐烂。

2. 发病条件

发生为害程度与温度、湿度和栽培管理技术关系密切。多雨的年份发病快、流行迅速。瓜类连作，地势低洼，雨后积水，缺肥和生长较弱，发病重，病情发展快。温室和大棚栽培，过度密植，通风不良，湿度过高也易发病。

3. 防治技术

（1）种子处理　播种前用70%代森锰锌可湿性粉剂700倍液或50%甲基硫菌灵500倍液浸种1~2h，可有效控制幼苗发病。

（2）合理轮作　与非瓜类作物实行2~3年轮作；施足基肥，以优质复合肥为主，勿偏施氮肥。雨季过后及时排除田间积水，盛果期及时追肥，防止植株脱肥早衰。植株发病后及时摘除病叶、病蔓。

（3）药剂防治　发病初期即可用325g/L苯甲·嘧菌酯或者35%氟菌·戊唑醇或者22.5%啶氧菌酯悬浮剂800~1 000倍液喷雾施药，每5~7d 1次，视病情连续1~3次，对于发病较重的植株，可用10%苯醚甲环唑水分散粒剂300倍液，或用25%咪鲜胺150倍液，用毛笔涂抹病茎、病株的病斑。

（五）白粉病

白粉病是设施蔬菜的常见病害，并随着设施栽培的扩大而日趋严重，尤以生长中后期发生较重。

1. 症状

白粉病主要为害叶片、叶柄和茎蔓，一旦发病蔓延迅速。发病初期，叶片正、背面发生点状白粉状霉斑。环境适宜时，病斑迅速扩大，形成边缘不明显的大片白粉区，上面布满白色粉末，严重时叶片慢慢变黄枯萎，以后蔓延到叶柄和茎蔓上。进入生长后期，白粉状物变成灰白色，上面出现散生或堆生的小黑点。

2. 发病条件

白粉病为低温高湿病害，其适宜传播的温度在15~25℃，适宜湿度在85%以上，如果遇到连续阴、雨、雾、雪等少日照天气，温度低，相对湿度大时，易染病。土壤连作、偏施氮肥、栽植密度过大、管理粗放、通风透光条件差、植株长势弱等，均易导致白粉病的加重发生。再有就是不注意清洁田园，不能及时摘掉病叶，不仅利于发病，而且有利于病菌传播蔓延。

3. 防治技术

（1）品种选择　选用抗病或耐病品种。

（2）轮作倒茬　可避免重茬病菌积累，减轻发病。

（3）加强田间管理　合理密植，及时摘除基部过密的病叶，保证通风透光，降低湿度；雨后及时排除积水；不偏施氮肥，增施生物菌肥和磷、钾肥，促进植株健壮生长，提高抗病力；收获后及时清除病残体。

（4）生物防治　可选用100亿cfu/g枯草芽孢杆菌可湿性粉剂300~600倍液，或用2%农抗120水剂或2%武夷菌素水剂200倍液喷雾防治，每隔7d喷1次，连续2~3次。

（5）药剂防治　生长前期喷药预防，用75%百菌清可湿性粉剂600倍液或25%阿米西达悬浮剂1 500倍液喷雾，可有效预防白粉病发生。发病初期，使用50%苯醚甲环唑·硫黄水分散粒剂或50%醚菌酯干悬浮剂3 000倍液或70%甲基硫菌灵可湿性粉剂1 000倍液或43%戊唑醇悬浮剂8 000倍液喷雾，每隔5~7d喷药1次，连续喷3~4次。为了延长药剂使用寿命，最大程度发挥其作用，生产上提倡药剂可交替使用或科学混配使用。

（六）枯萎病

枯萎病俗称“死秧病”，是一种由土壤传染，从根或根颈部侵入，在维管束内寄生的系统性病害，该病在大棚里每年都有不同程度发生，轻者减产，重者绝收。

1. 症状

典型症状是萎蔫。苗期发病时茎基部变褐缢缩、萎蔫猝倒，成株发病初期，先从接近地面的茎基部叶片开始发病，病株茎蔓上的叶片逐渐萎蔫，似缺水状，中午更明显，最初，早晚尚能恢复正常，数日后，整株叶片枯萎下垂不能复原。发病植株茎蔓基部呈水渍状缢缩，病部纵裂，湿度大时有淡红色胶状液溢出，根部腐烂变色，纵切根颈，其维管束部分变褐色。

2. 发病条件

该病为土传病害，发病程度取决于土壤中带菌量，作物连作致病残逐年增多，土壤中菌量累积，成为翌年发病的初侵染源。病害发生与温、湿度关系密切。夏季气温较高，再遇连续阴雨、光照不足等，形成高温高湿环境，则更加有利于枯萎病的发生。另外，地势低洼、土质黏重、排水不良、管理粗放、施肥不足、缺乏有机肥及偏施氮肥等都会加重枯萎病的发生。

3. 防治技术

（1）选用抗病品种与药剂浸种　使用无病、包衣的种子或进行药剂浸种杀菌，例如用50%多菌灵可湿性粉剂500倍液浸种1h，然后用清水冲净，再催芽、播种。

（2）合理轮作　是减少病害的一项重要措施。一般采用轮作4年后，土壤中的病菌即可大量减少。在有条件的地区可采用水旱轮作。

（3）加强田间管理　采用地膜覆盖栽培，施用腐熟农家肥，雨后及时排水以降低田间湿度，浇水做到小水勤浇，避免大水漫灌。另外，及时清除田间杂草。按作物不同生育期的需肥规律进行合理平衡施肥，多施腐熟的有机肥，并补充必要的中微量元素，促使作物生长健壮，提高作物抗病能力。

（4）药剂防治　50%多菌灵，每平方米面积用药30g，拌干土1.5kg，撒于床面，拌匀后播种。发病初期用50%甲基硫菌灵可湿性粉剂、75%百菌清可湿性粉剂配成500~1 000倍液对作物进行灌根，或用代森铵配成1 000~1 500倍液灌根部，每10~15d灌1次，连灌2~3次。

（七）霜霉病

霜霉病是露地、保护地作物常见的真菌性病害，俗称“跑马干”，各地都有发生。因其是流行性病害，扩展蔓延速度非常快，造成中下部叶干枯，并很快向上发展，造成提前死秧。

1. 症状

该病主要为害叶片，苗期子叶发病，出现不规则枯黄斑。叶片发病自下向上发展，产生水渍状小斑点，后扩展成浅褐色病斑，湿度大时叶背面长出灰黑色霉层，严重时病斑连成片，叶片上卷或干枯，下部叶片全部干枯，有时仅剩下生长点附近几片绿叶。

2. 发病条件

该病多在相对湿度较大的温暖季节发生，最适宜发病温度为16~24℃，适宜的发病湿度为85%以上。病菌经风雨、灌溉水或农事操作传播，侵染附近植株，在一个生长季节中发生多次侵染。生产上浇水过量或浇水后遇中到大雨、地下水位高、株叶密集易发病，多始于近根部的叶片。光照不足、播种过密、通风不良，均易诱发病害。

3. 防治技术

（1）品种选择　选用抗病品种。

（2）种子处理　用50℃温水恒温浸种20min，捞出后冷浸3~4h，进行药剂拌种，可选用70%甲基硫菌灵可湿性粉剂+50%福美双可湿性粉剂按1∶1混合，按用药量为种子重量的0.3%拌种，拌种后催芽播种。

（3）合理轮作　避免重茬。

（4）加强田间管理　合理施肥，及时整蔓，控制浇水，防止徒长，增强抗性。高垄栽培、控制湿度是关键。实施覆膜栽培，采用滴灌、膜下软管滴灌等技术，不仅节水保温，还降低棚内湿度。注意氮磷钾肥均衡施用，科学追肥。及时摘除病叶，带出田外烧毁或深埋。

（5）药剂防治　发病初期及早喷药才能收到良好防效。常用药剂有75%百菌清可湿性粉剂800倍液、25%阿米西达悬浮剂1 500倍液、56%嘧菌酯百菌清800倍液、25%甲霜灵可湿性粉剂800倍液、72.2%霜霉威水剂600倍液，每7~10d喷1次，连喷4~5次。喷后如遇降雨应及时补喷。采收前3d停止用药。

（八）晚疫病

主要为害茄科作物。连续阴雨天气多的年份为害严重。发病严重时造成茎部腐烂、植株萎蔫和果实变褐色，影响产量。

1. 症状

主要为害叶片和果实，对茎和叶柄也能造成不同程度的为害。叶片染病时，病斑大多先从叶尖或叶缘开始，初为水浸状褪绿斑，病健交界处无明显界限，后渐扩大转为褐色，空气湿度大时病斑产生白色霉层，严重时叶片腐烂脱落；茎部染病产生暗褐色稍凹陷病斑，随着病斑扩大病部组织变软，植株萎蔫，严重的病部折断造成茎叶枯死；病果上病斑初呈油渍状暗绿色，后变为黑褐色，病部质地坚硬呈不规则的凹凸状，湿度大时长出少量白霉，病斑也由开始的硬态逐渐腐烂。

2. 发生条件

低温高湿、昼夜温差大是主要诱发因素。植株繁茂、地势低洼、通风排水不良，土壤瘠薄、植株衰弱，或偏施氮肥造成植株徒长，都有利于病害的发生。

3. 防治技术

（1）品种选择　选用抗病品种。

（2）轮作　与非茄科作物实行3年以上轮作倒茬。

（3）培育无病壮苗　病菌主要在土壤或病残体中越冬，因此，育苗土严格选用没有种植过茄科作物的土壤，提倡用营养钵、营养袋、穴盘等培育无病壮苗。

（4）加强田间管理　选择地势高、排灌方便的地块种植，合理密植。合理施用氮肥，增施钾肥。切忌大水漫灌，雨后及时排水。加强通风透光，保护地栽培时要及时放风，避免植株叶面结露或出现水膜。及时处理残枝病叶病果，在远离田块的地方深埋或烧毁。

(5) 药剂防治 在出现中心病株后立即喷药防治，可用72%霜脲氰·锰锌可湿性粉剂600倍液，或用64%恶霜灵·锰锌可湿性粉剂500倍液，或用50%烯酰吗啉可湿性粉剂2 000倍液，或用58%精甲霜灵·锰锌500倍液等药剂喷雾，每隔7~10d喷洒1次，连续防治。下雨时及时补药，注意叶背、叶面均匀喷洒。

(九) 叶霉病

叶霉病是常见的一种真菌性病害，主要为害茄科作物叶片，且多在保护地中发生。植株发病后严重影响叶片的生理功能，导致大幅减产，给农户带来严重经济损失。

1. 症状

叶片发病由下部老叶向上发展。发病初期，叶片正面产生圆形或不规则褪绿斑点，病斑背面密生绒状霉层。湿度大时，叶片表面病斑也可长出霉层。随着病情扩展，叶片由下向上逐渐卷曲，整株叶片呈黄褐色干枯，发病严重时，病斑连片，叶片黄枯、脱落。果实染病，多从果柄蔓延下来，致果实出现白色斑块，后渐变黑色，最后成为僵果。

2. 发病条件

湿度是该病害流行的最重要因素。保护地光照过弱、空气流通不良、湿度过大、种植过密、管理粗放、植株郁闭，易诱发此病发生和流行。

3. 防治技术

(1) 选用抗病品种 选用早熟、优质、高产、抗病性强的品种。

(2) 种子处理 选用无病种子或对种子做好消毒处理。种子播前应先在阳光下晒2~3d，用55℃温水浸种30min以清除种子内外的病菌，取出后在冷水中冷却，再用高锰酸钾浸种30min后取出种子用清水漂洗几次，最后晒干催芽播种。

(3) 合理轮作 避免重茬。

(4) 实施覆膜栽培 采用滴灌可降低空气湿度。定植密度不要过高，及时整枝打杈、绑蔓，增强通风透光，选择晴天上午浇水，避免浇水后遇阴雨天，增施充分腐熟的有机肥，合理施用氮肥，增施钾肥、硼肥和钙肥，从而提高植株抗病能力。及时追肥，并进行叶面喷肥。摘除下部老叶及病叶，并携至田外妥善处理，以减少菌源，防止传播。

（5）药剂防治　发病初期可喷70%甲基硫菌灵可湿性粉剂600倍液，或用47%春雷霉素1 000倍液，或用70%代森锰锌可湿性粉剂1 000倍液，或用50%多菌灵可湿性粉剂600倍液兑水均匀喷雾，每7~10d喷1次，连续2~3次，为防止产生抗药性，轮换交替使用药剂或者合理复配使用。

（十）灰霉病

灰霉病是露地、保护地作物常见且比较难防治的一种真菌性病害，具有普遍性、传染性的特点，该病流行时一般减产20%~30%，重者可达50%。

1. 症状

主要为害叶片、茎和果实。苗期发病，幼茎发生缢缩变细，常自病部折断枯死；叶片发病多从基部老黄叶边缘侵害，向叶内扩展，形成典型的“V”字形水浸状病斑，扩大后呈不规则形，后变褐，湿度大时密布灰色霉层；果实染病，幼果果蒂周围局部先形成水浸状小点，后扩展呈不规则的暗褐色病斑，上有灰色霉层，呈水腐状。

2. 发病条件

灰霉病菌喜低温高湿。光照不足、气温较低、湿度大、结露持续时间长，非常适合灰霉病的发生与流行。多年连作、偏施氮肥、浇水不当、栽植密度大、日常管理粗放、田间积水，通风不良等环境条件，也易引起灰霉病的发生和蔓延。

3. 防治技术

（1）品种选择　选用优质、丰产、抗病强的品种。

（2）合理轮作　减少田间土壤中病菌含量。土壤提前进行整地、覆膜，可利用晴天膜内高温杀灭土壤中的病原菌。

(3) 培育无病壮苗 实施苗床消毒，严格控制育苗条件，加强苗期水肥管理，增施800倍液嘉美红利（土壤调理剂），培育壮苗、无病苗，从源头控制灰霉病的发生。

(4) 加强田间管理 合理密植；多施用充分腐熟的优质有机肥，增施磷钾肥，避免过多施用氮肥，以提高植株的抗病能力；保持棚膜洁净，提高透光率；适时中耕，提高土壤的通透性；温室大棚浇水要选择晴天上午进行，忌大水漫灌，有条件的可考虑采用滴灌措施，节水控湿；及时摘除枯黄叶、病叶、病花和病果，带出棚室做集中处理。

(5) 药剂防治 发病初期，可选择75%百菌清可湿性粉剂500倍液、50%腐霉利可湿性粉剂2 000倍液、5%咯菌酯可湿性粉剂1 500倍液、20%吡噻菌胺悬浮剂2 000倍液、70%甲基硫菌灵800倍液进行喷雾。每隔7~10d喷1次，连续喷2~3次。以上几种药可交替使用，避免产生抗性。

(十一) 细菌性角斑病

细菌性角斑病主要发生在瓜类作物，受害严重时，作物品质变劣、产量下降。

1. 症状

主要为害叶片，也可为害茎蔓及果实。起初叶面出现一些水浸状的小点，逐渐扩大，受叶脉的限制病斑呈多角形，潮湿的情况下叶背病部溢出白色的菌脓，后期病叶变黄褐色干枯。茎蔓、果实上的病斑初为水浸状、凹陷，并带有大量细菌黏液，果实表面病斑近圆形，易溃烂，向内扩展致种子带菌。后果肉变色，果实变软腐烂。

2. 发病条件

该病由细菌引起，病菌随病残体在土壤中或附着于种子表面越冬，成为翌年初侵染源。由寄主的伤口和病菌自然孔口侵入，带菌种子发芽亦可侵入子叶，通过风雨、昆虫和农事操作等接触传播。高温潮湿多雨，特别是连阴天、空气湿度大、通风不良，田间湿度大，是病害发生的主要条件。地势低洼、连作田发病尤重。

3. 防治技术

(1) 轮作　与非瓜类作物实行2年以上轮作。

(2) 种子消毒　选无病瓜留种，播种前种子消毒。消毒方法是用55℃的温水浸种20min；或用新植霉素200mg/kg液或50%代森铵500倍液浸种1h；或用福尔马林液150倍液浸种1.5h，捞出后清水洗净，催芽播种。

(3) 栽培管理　利用高垄栽培，铺设地膜，减少浇水次数，降低田间湿度。保护地及时通风，雨季及时排水，及时追肥。田间及时清除病叶、病蔓，拔除发病严重的植株销毁或深埋。

(4) 药剂防治　发病初期用新植霉素、农用链霉素4 000倍液等，每亩喷洒50~70kg药液，尤其发病叶片背面，每隔7~10d喷洒1次，连喷2~3次，并注意通风排湿。

(十二) 软腐病

主要为害作物多汁肥厚的器官，如块根、块茎、果实、茎基等。常见发病作物有十字花科、茄科、葫芦科等。

1. 症状

初发病时病株在烈日下萎蔫，早晚恢复。随着病情发展，病株整株萎蔫，稍摇动即全株倒地。病部由叶基向根茎发展，使茎部腐烂。腐烂的组织呈黏滑软腐状。有的发生心腐，从茎基部向上发生腐烂。在干燥的条件下，腐烂的病叶经日晒逐渐失水变干，呈薄纸状。腐烂处均产生恶臭味，为本病重要特征。

2. 发生条件

病菌随病残体在土壤中越冬，成为翌年侵染源，在田间通过灌溉水或雨水飞溅使病菌从伤口侵入，染病后又可通过烟青虫、棉铃虫及风雨传播。种植密度高、田间低洼易涝、肥水供给不足、发病后大水漫灌、高温多雨、植株长势弱等、土壤干裂伤根、肥料未腐熟地块连作、植株自然裂口时，此病易大发生。

3. 防治技术

（1）品种选择 选用抗病品种。

（2）合理轮作 避免重茬。

（3）种子消毒 可采取温汤浸种进行种子消毒，培育无病壮苗。

（4）提高栽培管理技术 定植前土壤需深翻暴晒，地势要排灌方便，防止土壤黏重；适期播种定植，以避免感病阶段与当地雨季相遇；增施底肥，及时灌水追肥，“一促到底”；雨后及时排水，避免大水漫灌；加强中耕，不断清除病株烂叶，穴内施以生石灰进行灭菌。

（5）药剂防治 于发病前和发病初，及时在靠近地面的叶柄基部和茎基部喷施农用链霉素或新植霉素200mg/L，或用38%恶霜嘧铜菌酯800倍液，或用50%代森铵600~800倍液，或用77%氢氧化铜可湿性粉剂400~600倍液，7~10d喷药1次，共2~3次，重者可用新植霉素4 000倍液进行灌根治疗。

（十三）病毒病

1. 症状

病毒病常见症状有花叶、黄化、坏死和畸形。花叶主要表现为病叶出现浓绿和淡绿相间的斑驳，可分轻型花叶和重型花叶两种类型。轻型花叶病叶在发病初期表现为轻微褪绿，或出现深浅相间的斑点，花叶平整，不皱缩，植株不矮化；重型花叶叶片褪绿斑驳、凹凸不平，叶脉皱缩畸形，植株也出现矮化，其顶部叶片生长基本停滞，花芽分化能力减退；黄化常常表现病叶明显变黄，严重时整株上部叶片全部变黄，整体表现上黄下绿，并出现落叶现象；坏死是指病株叶脉组织变褐坏死，出现系统坏死条斑，维管束变褐，引起大量落叶、落花、落果；畸形即病株变形，如病叶明显缩小变厚呈蕨叶状，叶面皱缩，或植株矮小，分枝极多呈丛簇状，不结果或少结果。

2. 发病条件

高温、日照强度大、干旱少雨的天气利于病毒病的发生，而且利于蚜虫传毒而导致病毒流行。此外，多年连作重茬，整枝、采摘、施肥等农事操作不当，田间管理不精细，施肥不合理，追肥不及时，土壤瘠薄、板结、黏重以及排水不良，没有及时将病残体带出田间，都会增加病毒病的发生率。

3. 防治技术

（1）品种选择　选用抗病或耐病品种。

（2）种子消毒　采用10%磷酸三钠溶液浸种20~30min后清水漂洗干净催芽播种。

（3）合理轮作和间作　定植田要进行两年以上轮作，结合深翻，有条件的施用石灰，促使土壤中病毒钝化。

（4）栽培管理　适当增施磷、钾肥，及时追肥，小水勤浇，保持土壤湿润，尤其在采收期注意保水保肥。及时清洁田园，在进行整枝、绑蔓、喷花等农事操作时，对病、健株分开操作，清除病残体，减少菌源。

（5）控制传毒媒介蚜虫　悬挂黄色诱虫板，捕杀蚜虫，消灭病毒传播媒介，防止病毒扩展。特别是在高温少雨天气效果更佳。

（6）药剂防治　应采用治虫、防病毒、调节代谢等几种药剂混合复配使用，避免单一用药。蚜虫发生期，可用20%吡虫啉可湿性粉剂2 500倍液，或用噻虫嗪、氯氟氢菊酯乳油4 000倍液等药剂交替喷杀。发病初期，可用1.5%植病灵乳油1 000倍液或1%抗毒剂1号水剂200~300倍液或20%病毒A可湿性粉剂500倍液，每7d喷雾1次，连续喷3次。期间还可喷施1~2次NS-83增抗剂200倍液，以增强植株的抗病性。

（十四）根结线虫病

根结线虫病主要为害根部。作物整个生育期都会受害，一旦发病，发病率可以达到80%以上，从而造成严重的损失。全国各地均有发生。

1. 症状

苗期发病，病苗叶色变浅，叶缘枯黄，严重时死苗；幼苗根部产生浅黄色大小不等的根结。成株期染病主要为害侧根和须根，发病后侧根或须根长出大小不等的瘤状根结。解剖根结，病组织内有很多微小的乳白色线虫。发病轻的植株症状不明显，只有少数叶片变小；发病重的植株地上部生长衰弱，植株叶片明显缩小，叶片发黄，影响产量。

2. 发病条件

根结线虫多在土壤5~30cm处生存，常以卵或2龄幼虫随病残体遗留在土壤中越冬，病土、病苗及灌溉水是主要传播途径。土温20~30℃最适合线虫侵染西瓜，土温低于10℃或高于36℃，线虫停止侵染。土壤疏松、通气性好、湿度较高和连作地块，根结线虫病发生重。

3. 防治技术

（1）对有根结线虫的地块，在作物栽培前覆盖地膜使土壤增温达45℃以上，杀死土壤中的线虫。

（2）合理轮作　与非寄主作物实行2~3年轮作，从而降低土壤中线虫量，控制或减轻对下茬作物的为害。

（3）栽培管理　选用无病土育苗。不施用带有根结线虫病根又未充分腐熟的有机肥。施足底肥，合理追肥和浇水，加强田间管理，增强植株抗病能力。

（4）药剂防治　前茬作物拔秧前5~7d浇1遍水，拔秧后立即将60~80kg/亩的氰氨化钙均匀撒施在土壤表层，旋耕土壤10cm使其混合均匀，再浇1次水，覆盖地膜，高温闷棚7~15d，然后揭去地膜，放风7~10h后可作垄定植。在作物生长期间，发现根结线虫病株要及时刨除根系，挖出病土，清除病残体；对病穴及无病植株，每隔30d用3%米乐尔颗粒剂（克线磷）进行穴施防治1次，用药量6~9g/m^2。

第五节　主要害虫的识别与防治

一、害虫对作物的为害

为害植物的害虫种类很多，按为害部位分为地下害虫、地上害虫。从虫源生物特性分类分为昆虫和螨类。

昆虫和螨类与植物关系密切，在栽培植物中没有一种不受昆虫为害。农产品收获后在储运过程中还要受储粮害虫为害。人们通常把为害各种植物的昆虫称为害虫，把由它们引起的各种植物伤害称为虫害。昆虫是动物界中种类最多、分布最广、适应性最强和群体数量最大的一个类群。

因害虫为害而造成的经济损失相当严重。昆虫和螨类对植物的为害还表现在传播植物病害，如蚜虫、飞虱、叶蝉、瘿螨等，昆虫传病给生产带来的损失远比它们的直接为害大得多，因而防治媒介昆虫是防治许多植物病害的重要措施之一。

二、主要害虫的识别与防治

在害虫防治实践中，首先，要掌握昆虫的一般形态特征及其生长发育规律，正确识别益虫和害虫，以进一步利用益虫和控制害虫。

（一）蚜虫

蚜虫又称腻虫、蜜虫，分为无翅蚜和有翅蚜两种。无翅蚜主要在短距离爬行扩散，繁殖能力极强；有翅蚜可利用翅膀长距离飞行，对于蔬菜来说为害力度特别大。

1. 为害特点

蚜虫以成虫及若虫群集在植物的嫩叶背面和嫩茎上吸食汁液。嫩叶及生长点被害后，叶片发生卷缩，有的会变黄，产生虫洞，甚至枯死，严重影响植物的生长。

2. 生活习性

蚜虫每年可发生20余代，主要以卵越冬。在适宜的温、湿度条件下，蚜虫每5~6d就可完成一代。一次就能繁殖50余头若蚜，繁殖速度非常快。

3. 防治技术

(1) 农业防治　清洁田园及周围杂草，消灭越冬蚜虫。地面铺银灰色地膜驱避蚜虫。

(2) 生物防治　利用天敌。蚜虫的天敌有七星瓢虫、异色瓢虫、食蚜蝇和蚜霉菌等，这些昆虫是蚜虫的克星。尽量少施广谱性农药，避免在天敌活动高峰时期施药，有条件的可人工饲养和释放蚜虫天敌。

(3) 物理防治　利用蚜虫趋黄性，在植株上方10~15cm的地方悬挂黄色粘虫板，可以有效地引诱蚜虫。

(4) 药剂防治　当蚜虫普遍发生时，用1%印楝素水剂800倍液，或用1.8%阿维菌素乳油2 000倍液，或用10%吡虫啉可湿性粉剂3 000倍液进行喷雾防治。

(二) 斑潜蝇

1. 为害特点

该虫属一年多代害虫，卵产在嫩叶上并多在叶背边缘。幼虫孵化后叶片内潜食叶肉，形成弯曲的潜道，老熟后在潜道末端化蛹，从而破坏叶片组织，影响光合作用，受害严重时导致大量落叶，降低产量。

2. 生活习性

一年发生14~16代，世代重叠明显。在北方各地以蛹在土壤中越冬，翌年春季羽化。成虫具有较强趋光性、趋黄性，有一定飞翔能力，在田间进行短距离扩散。高温干旱对其发生有利，白天活动，夜间伏于叶背面取食、交尾、产卵，羽化在上午进行。

3. 防治技术

(1) 严格实行检疫　防止远距离传播。

（2）农业防治　实行不同品种合理搭配，把斑潜蝇嗜好的瓜类、茄果类、豆类与其不为害的作物进行套种或轮作。摘除带虫叶片进行集中深埋，收获后及时清理田园。

（3）物理防治　棚室内可设置黄色粘板诱杀成虫。

（4）生物防治　利用寄生蜂防治，在不用药的情况下，寄生蜂天敌寄生率可达 50%以上。姬小蜂、反颚茧蜂、潜蝇茧蜂这三种寄生蜂对斑潜蝇寄生率较高。

（5）药剂防治　苏云金杆菌制剂可以有效地降低为害，对害虫的低龄幼虫效果好并且对天敌没有杀伤作用，不能与内吸性有机磷杀虫剂、杀菌剂及碱性农药等物质混合使用，随配随用，使用间隔 10~15d。建议与其他作用机制不同的杀虫剂轮换使用以延缓抗性产生。

（三）烟粉虱

随着地区设施作物栽培种植面积逐年增加，发展较快，虫害也随之增加，烟粉虱现已成为设施作物栽培的主要虫害之一。

1. 为害特点

成虫、若虫聚集在叶背面，刺吸叶片汁液，虫口密度大时，叶正面出现成片黄斑，大量消耗植株养分，导致植株生长衰弱，严重时可致植株死亡。成虫或若虫还大量分泌蜜露，诱发煤污病，严重可使叶污染变黑，影响光合作用。

2. 生活习性

年生 11~15 代，繁殖速度快，世代重叠。露地发生盛期在 8—9 月，9 月底开始陆续迁入温室为害；温室盛发期较早，为 7—8 月。干旱少雨、日照充足的年份发生早且发生严重，持续为害时间长。

3. 防治技术

（1）物理防治　烟粉虱对黄色，特别是橙黄色有强烈的趋向性，可在温室内设置黄板诱杀成虫。

（2）农业防治　结合农事操作，做好清洁田园工作，随时去除植株下部受害衰老叶片，并带出销毁。合理进行作物布局，避免大面积种植烟粉虱嗜好的寄主作物，如葫芦科、十字花科作物。在作物允许的耐受范围内，短时间大幅度降低温室内温度，也可以使烟粉虱种群密度迅速下降。

(3) 生物防治　丽蚜小蜂是烟粉虱的天敌，配合使用高效、低毒、对天敌较安全的杀虫剂，可有效地控制烟粉虱的大发生。

(4) 药剂防治　在烟粉虱发生时可用1.8%阿维菌素乳油、10%吡虫啉乳油、25%噻嗪酮可湿性粉剂等，为避免烟粉虱产生抗性，应注意轮换使用不同药剂。

(四) 棉铃虫

1. 为害特点

棉铃虫食性较杂，蛀食花、蕾、果实为主，也可为害嫩茎、叶片和嫩芽。幼虫喜食青果，近老龄时多喜食成熟果，花蕾及果实常被吃空，引起腐烂脱落。

2. 生活习性

年发生5代左右，以蛹在土壤中越冬，世代重叠严重。多于夜间在作物的果萼、嫩梢、嫩叶及茎上产卵。棉铃虫属喜温性害虫，发生为害的最适气候条件为温度25~28℃，相对湿度75%~90%。

3. 防治技术

(1) 农业防治　冬耕、冬灌及田间耕作灭蛹，结合整枝打杈可摘除虫卵。可在作物田中或地边种植少量玉米诱集带，用以诱蛾产卵，再集中消灭玉米心叶中的幼虫。

(2) 诱杀成虫　灯光诱杀：利用成虫对黑光灯、高压汞灯有较强的趋性，高压汞灯的有效诱杀半径80~160m。在棉铃虫发蛾高峰期，可用杨树、柳树、洋槐树、意杨树等树枝捆扎成把引诱飞蛾，树枝把应高出作物20cm，每公顷用树枝150把，每把5~7支，一般6~8d换1次树枝把，每天清晨在露水未干前用塑料袋套住树枝把，抖出成虫集中杀灭。性诱剂诱杀成虫：在棉铃虫成虫发生期间，用棉铃虫性诱剂诱杀雄蛾，以降低雌蛾产卵量。一般每个棉铃虫性诱剂可控制1亩，每个诱芯使用的时间为20d左右。注意诱芯与诱盆内水面的距离应保持在2cm左右。应根据诱盆内的水位及时加水，并在水中加适量的洗衣粉，提高性诱剂诱杀成虫的效果。

(3) 生物防治　释放赤眼蜂，发挥自然天敌对棉铃虫的控制作用；喷洒生物农药，如 Bt 乳剂、核多角体病毒（NPV）、雷公藤精乳油等。

(4) 药剂防治　低龄幼虫始盛期，幼虫尚未蛀入果内前用药。药剂可选用 24%美满悬浮剂 2 000 倍液，或用奥绿 1 号悬浮剂 800~1 200 倍液，或用 15%茚虫威悬浮剂 3 500~4 000 倍液，或用 5.7%氟氯氰菊酯乳油 1 500 倍液，喷雾防治，要注意多种药剂交替轮换使用。

（五）蓟马

近年来，随着设施农业的发展，为害虫的冬季生存提供了环境，延长了害虫的食物链，致使过去只在保护地为害为主的蓟马在露地发生为害也日趋严重。

1. 为害特点

蓟马以成虫、若虫吸食植物嫩梢、嫩叶、花以及幼果的汁液，被害后叶片逐渐变黄卷缩，容易脱落，枝干萎缩，幼果畸形，果皮粗糙有斑痕，严重时造成落果。

2. 发生规律

蓟马繁殖力很强，个体细小，具隐蔽性。适宜条件下，一年可连续发生 12~15 代，在合适环境里，从卵到成虫仅需 14d。当气温回升 12℃时，越冬蓟马开始活动。蓟马生存适温为 20~28℃，空气湿度为 40%~70%。

3. 防治技术

(1) 加强检疫管理　从外地调运的植物种苗一定要严格检疫。

(2) 物理防治　利用蓟马趋蓝色的习性，在田间设置蓝色粘虫板，诱杀成虫，粘虫板底部与作物顶端持平。

(3) 农业防治　采用营养土育苗，及时清除田间杂草和枯枝残叶，集中烧毁或深埋，减少虫源。加强肥水管理，增施有机肥和磷钾肥，促使植株生长健壮。覆盖地膜，特别是覆盖黑色地膜，一方面可提高地温，促进苗期生长，另一方面可阻止蓟马入地化蛹，降低成虫羽化率。

（4）药剂防治 根据蓟马昼伏夜出的特性，建议在下午用药，选择生物农药和低毒高效的农药为主。药剂施用可选 0.5%藜芦碱可湿性粉剂 800 倍液，或用 60g/L 乙基多杀菌素悬浮剂 3 000 倍液，或用 22.4%螺虫乙酯悬浮剂 2 000 倍液，进行均匀喷雾。

（六）红蜘蛛

红蜘蛛，又名棉红蜘蛛，学名叶螨，分布广泛，食性杂，主要为害茄科、葫芦科、豆科、百合科等多种蔬菜作物。

1. 为害特点

红蜘蛛通常以成螨、若螨在植物的叶背刺吸汁液、吐丝、结网产卵和为害。受害叶片先从叶背面叶柄主脉两侧出现黄白色至灰白色小斑点，叶片变成苍灰色，叶面变黄失绿，严重时叶片变为锈红色并枯萎。由于红蜘蛛的体型较小，且多聚集在叶片背面，若不仔细观察很难被发现。当叶片出现病斑时，表示虫害已经较为严重。

2. 发生规律

红蜘蛛繁殖能力很强，1 年可发生 12~20 代，有 2 次高峰期，第一次在 4—5 月，第二次在 9—10 月，在温度较高的干旱环境下发病较重。红蜘蛛有趋嫩绿性，当新梢长出时，老叶上的害螨向新梢转移。多以雌成虫栖息在老叶、土块缝隙和匍匐茎上越冬。

3. 防治技术

（1）农业防治 根据红蜘蛛越冬卵孵化规律和孵化后首先在杂草上取食繁殖的习性，早春进行翻地，清除地面杂草，保持越冬卵孵化期间田间没有杂草，使红蜘蛛因找不到食物而死亡。

（2）生物防治 红蜘蛛的天敌有食螨瓢虫、草蛉、草间小黑蛛、大赤螨等。红蜘蛛发生相对较少的情况下，利用天敌可以有效地控制，在开花至果实生长期释放天敌，在释放天敌前尽量压低红蜘蛛的数量，用 1%苦参碱·印楝素或 10%阿维菌素水分散粒剂进行虫害防治，用药后 5~10d，按照益害比 1∶10 到 1∶30 释放捕食天敌。

（3）药剂防治　如果红蜘蛛大面积发生，可用5%甲维盐水分散粒剂800倍液，或0.5%苦参碱乳油500倍液，或34%阿维·螺螨酯悬浮剂4 000倍液进行防治。打药时一定要打透叶背，施药时严格控制施药量及施药速度的均匀，要保证不漏喷、不重喷，注意虫卵兼杀。

（七）菜青虫

菜粉蝶，别名菜白蝶，幼虫又称菜青虫，是我国分布最普遍、为害最严重，经常成灾的害虫，尤以北方发生最重，是北方十字花科蔬菜上的重要害虫。

1. 为害特点

幼虫咬食寄主叶片，2龄前仅啃食叶肉，留下一层透明表皮，3龄后蚕食整个叶片，轻则虫口累累，重则仅剩叶脉，影响植株生长发育和包心，造成减产。此外，幼虫还可以钻入叶内为害，不但在叶球内暴食菜心，排出的粪便还污染菜心，使蔬菜品质变坏，并引起腐烂，降低蔬菜的产量和品质。幼虫共5龄，3龄前多在叶背为害，3龄后转至叶面蚕食，4~5龄幼虫的取食量占整个幼虫期取食量的97%。

2. 生活习性及发生规律

菜青虫在河南、山东地区每年发生5~6代，春夏之交和秋季是幼虫主要发生期。越冬代成虫3月间出现，以5月下旬至6月为害最重，7—8月因高温多雨，天敌增多，寄主缺乏，而导致虫口数量显著减少，到9月虫口数量回升，形成第二次为害高峰。成虫白天活动，以晴天中午活动最盛，寿命2~5周。

3. 防治技术

（1）农业防治　合理布局，避免连作。收获后，及时清除田间残株，并深翻土壤，消灭田间残留的幼虫和蛹。早春可通过覆盖地膜，提早定植期，避过第二代菜青虫的为害。

（2）生物防治　保护和利用天敌。寄生性天敌包括寄生卵的有广赤眼蜂，寄生幼虫的有绒茧蜂，寄生蛹的有凤蝶金小蜂，捕食性天敌有跳蛛、八斑球腹蛛、草间小黑蛛等 7 种蜘蛛和异色瓢虫、龟纹瓢虫 2 种天敌昆虫。在天敌大量发生期间，禁止使用化学农药。

（3）物理防治　可采用频振式杀虫灯、色胶板诱虫，有条件可采用防虫网隔离栽培。

（4）药剂防治　低龄幼虫发生初期，喷洒苏云金杆菌 800～1 000 倍液对菜青虫有良好的防治效果，喷药时间最好在傍晚。幼虫发生盛期，可选用 20%天达灭幼脲悬浮剂 800 倍液，或 10%高效灭百可乳油 1 500 倍液，或 50%辛硫磷乳油 1 000 倍液，或 90%敌百虫晶体 1 000 倍液，或 10%醚菊酯悬浮剂 2 000～3 000 倍液等喷雾 2～3 次。

（八）小菜蛾

鳞翅目菜蛾科，别名小青虫、两头尖、吊丝虫，世界性迁飞害虫，是十字花科蔬菜重要害虫之一。幼虫可在十字花科蔬菜的整个生育期为害，繁殖力强，世代周期短，易产生抗药性，严重影响十字花科蔬菜的产量及质量。

1. 为害特点

成虫产卵在叶的背面，初龄幼虫仅取食叶肉，留下表皮，在菜叶上形成一个个半透明的斑，俗称“开天窗”，3～4 龄幼虫可将菜叶食成孔洞和缺刻，严重时全叶被吃成网状，大大影响了蔬菜的正常生长，降低了蔬菜的产量和质量。

2. 发生规律

河南地区小菜蛾一年发生 4～6 代，世代重叠现象十分严重。主要以卵、幼虫和蛹越冬，越冬蛹于 4 月底羽化，6 月上旬为羽化盛期。幼虫为害有 2 个发生高峰，第一次在 5—6 月，第二次在 8—10 月。

3. 防治技术

（1）农业防治　合理轮作，避免连作，以免虫源周而复始。收获后，及时处理残株败叶并深翻土壤后可闷棚，消灭大量虫源。

（2）物理防治　利用小菜蛾的趋光性，在虫发生期，可放置黑光灯诱杀小菜蛾，以减少虫源。也可利用小菜蛾性诱剂诱杀成虫，在田间每亩地放置1套性诱剂诱杀害虫。

（3）生物防治　目前，使用面积最大、防效最显著的抗生素农药包括阿维菌素和多杀菌素；对小菜蛾有防治效果的真菌类微生物有白僵菌、绿僵菌等；细菌性微生物有苏云金杆菌；病毒性微生物有小菜蛾颗粒体病毒；植物源杀虫剂主要有茚虫威、苦参碱、印楝素等。同时，可以利用天敌。小菜蛾寄生性天敌有菜蛾盘绒茧蜂、半闭弯尾姬蜂、菜蛾啮小蜂等，捕食性天敌种类有异色瓢虫、中华草蛉、草间小黑蛛、八斑球腹蛛等。

（4）药剂防治　小菜蛾高龄幼虫抗药性强，应注意轮换交替用药，以延缓抗药性产生。在卵孵盛期至幼虫2龄期，可用2.5%菜喜悬浮剂1 000~1 500倍液，或5%氟啶脲乳油1 000~2 000倍液，或10%溴虫腈悬浮剂2 000~2 500倍液喷雾。在幼虫2~3龄期，可以用0.9%阿维菌素乳油2 000倍液，或35%阿维·辛硫磷乳油2 000倍液，或10%虫螨腈悬浮剂1 500~3 000倍液等喷雾。3月小菜蛾刚刚经历冷冬，体质较弱，此时用药可显著降低整年的虫口基数。

（九）蝼蛄

1. 为害特点

蝼蛄是一种杂食性害虫，蝼蛄的为害表现在两个方面，即间接为害和直接为害。直接为害是成虫和若虫咬食植物幼苗的根和嫩茎；间接为害是成虫和若虫在土下活动开掘隧道，使苗根和土壤分离，造成幼苗干枯死亡，致使苗床缺苗断垄，育苗减产或育苗失败。

2. 发生规律

蝼蛄一年的生活分6个阶段：冬季休眠、春季苏醒、出窝迁移、猖獗为害、越夏产卵、秋季为害。10月下旬开始向地下活动，翌年从4月下旬至5月上旬，越冬蝼蛄开始活动。5月上旬，地表出现大量弯曲虚土隧道，蝼蛄出窝为害。5月中下旬，成虫、若虫开始大量的取食，满足产卵和生长发育的需要。6月下旬至8月上旬，气温增高、天气炎热，蝼蛄潜入30~40cm的土中越夏并产卵。8月下旬至9

月下旬，越夏成虫、若虫又到土面活动取食补充营养，为越冬作准备。

3. 生活习性

蝼蛄具有群集性、趋光性、趋化性、趋粪土性、喜湿性、昼伏夜出性。

4. 防治方法

（1）物理防治　根据蝼蛄的生活习性采取相应的防治措施。蝼蛄趋光性强，可用黑光灯、水银灯、频振诱虫灯、太阳能诱虫灯诱杀。利用蝼蛄趋粪土性，在步道间每隔 20m 左右挖 1 小坑，将马粪和切成 3~4cm 长带水的鲜草放入坑内诱集，加上毒饵更好。

（2）农业防治　从整地到苗期管理，以预防为主。深翻土地、适时中耕、清除杂草、改良盐碱地、不施用未腐熟的有机肥等，创造不利于害虫发生的环境条件。

（3）生物防治　在土壤中接种白僵菌，使蝼蛄感染而死，是以菌治虫的防治手段。

（4）药剂防治　用 50%辛硫磷乳油拌种，可防治蝼蛄等多种地下害虫，不影响发芽率。害虫猖獗时，可用 50%辛硫磷乳油 1 000 倍液，或用 90%晶体敌百虫 1 000 倍液、50%辛 · 氰乳油 4 000 倍液，20%氰戊菌酯 3 000 倍液灌根。

（十）根蛆

根蛆是对为害作物地下部分的花蝇科幼虫的统称，又称地蛆。我国常见的有种蝇、葱蝇、萝卜蝇、小萝卜蝇。蛆是各种蝇类幼虫的总称，因其成虫（蝇）一般不会直接为害蔬菜，为害蔬菜幼苗的是它们的幼虫，所以根蛆列为蔬菜的地下害虫之一。

1. 为害特点

种蝇是以孵化的幼虫钻入蔬菜幼茎为害，萝卜蝇是从叶柄基部钻入为害，小萝卜蝇是以幼虫从白菜、萝卜心叶及嫩茎钻入根茎内部为害，葱蝇是以幼虫钻入鳞茎内为害。受害植株生长发育不良，产量品质大幅下降。

2. 生活习性

年发生代数：萝卜蝇为一年1代；小萝卜蝇为3代；葱蝇在北方一年3~4代；种蝇在北方一年3~6代。

（1）越冬场所　4种蝇都是以蛹越冬。种蝇是以老熟幼虫在被害植物根部化蛹越冬；萝卜蝇是以蛹在菜根附近的浅土层中越冬；小萝卜蝇是以蛹在土中越冬；葱蝇是以蛹在被害的葱、蒜、韭根部附近土中或粪堆中越冬。

（2）产卵习性　种蝇是产在种株或幼苗附近表土中；萝卜蝇是产在根茎周围土面或心叶、叶腋间；小萝卜蝇是产在嫩叶上和叶腋间；葱蝇是产在鳞茎、葱叶或植株周围的表土里。

（3）趋性　种蝇的成虫喜聚于臭味重的粪堆上，早晚和夜间凉爽时躲于土缝中；萝卜蝇的成虫不喜日光，喜在荫蔽潮湿的地方活动，通风和强光时，多在叶背和根周背阴处；葱蝇成虫多在胡萝卜、茴香及其他伞形花科蔬菜周围活动，中午活跃，喜粪肥味。

3. 防治技术

（1）农业防治　及早耕翻土地、消灭越冬蛹。不施未腐熟的生粪肥，施肥时做到均匀、深施，可在粪肥中拌入杀虫剂；及时清除田园残株落叶，特别是腐烂叶、果等；在作物生长中浇透水可抑制根蛆活动，随水冲入草木灰可减少害虫头数。对氨气不敏感的作物，可追施1~2次氨水杀伤害虫。

（2）药剂防治　在成虫盛发期，可选用2.5%氯氰菊酯乳油2 000倍液，或用50%辛硫磷1 000倍液，或用灭杀毙4 000倍液等喷雾防治。对幼虫可采用药剂灌根的方法进行防治，即田间发现有根蛆为害时，可用1.8%阿维菌素3 000倍液，或用75%灭蝇胺可湿性粉剂5 000倍液，或用50%辛硫磷乳油1 200倍液，4.5%高效氯氰菊酯乳油，沿蔬菜的根部进行浇灌，每隔7~10d 1次，连续2~3次，可达到减轻为害的效果。注意，上述药剂最好交替轮换使用，并在收获前10d停止用药。

第六章　设施果蔬育苗技术

作为整个园艺生产（包括设施果蔬生产）过程的基础，育苗环节有着举足轻重的地位。对多数蔬菜作物来说，其苗期的生长发育状态，往往影响到生育前期，甚至整个生育周期。例如茄果类、瓜类、豆类等果蔬，其形成早期产量的花芽，在幼苗期多已分化结束。因此，秧苗的生长状况及生理素质直接影响果蔬的生长发育、产量和质量。果蔬产业的发展需要果蔬育苗产业提供优质无病虫壮苗，尤其是保护地果蔬产业的发展，对果蔬育苗产业提出了更高的要求。

一、果蔬育苗概念

果蔬育苗指的是需要移植栽培的果蔬从播种到定植前在苗床中生长发育的全过程。育苗常在生产季节以前进行，早春栽培多在冬、春季节育苗，秋、冬栽培多在夏、秋季节育苗。自然的外部气候条件，常不能满足适宜的育苗条件。为创造可以提前或按期栽培的条件，达到正常栽培或提早栽培的目的，必须人为增加辅助设施，进行环境调整。

二、果蔬育苗意义

第一，设施果蔬育苗可使果蔬提前生长发育。蔬菜育苗通过栽培早期环境的改变对蔬菜作物产生内在的、本质的及后效的生物学影响，而且这种影响极其深远。例如，番茄春季保护地育苗，在育苗期人为地创造强光照、低叶温、高营养的环境条件，可促进番茄花芽分化和发育，为早熟丰产打下良好基础。

第二，育苗可为果蔬生长发育增加生物学有效积温。对作物来说，整个生育期或者每个生育阶段的完成都必须有一定的有效积温，即作物在某一段时间内日平均气温与生物学零度之差的总和。通过育苗期增加有效积温，可以提前满足达到一定剩余阶段所需的有效积温，起到提早成熟或延长生长期的作用。

第三，在人为创造的良好环境条件下育苗，可迅速推广蔬菜新品种，并提高秧苗质量。

第四，早春利用保护设施，人为控制苗期环境条件，在低温严寒季节提前培育出健壮秧苗，从而可以延长生长期，达到适期早定植、早管理、早收获，提高产量和经济效益的目的。

第五，育苗可使秧苗集中在小面积苗床上生长，缩短了在生产田的占地时间，从而可以提高土地利用率，增加复种指数。

第六，目前生产上广泛推广各种果蔬的杂种一代种子，由于制种技术复杂，种子价格较高。在这种情况下，育苗比直播能显著节省用种量。

第七，某些果蔬幼苗生长缓慢，苗期较长。实行育苗可集中管理，利于培育壮苗，不仅苗期管理用工少，而且节省了土地。

第八，某些果蔬苗期易感病害，如秋季延迟栽培的番茄等，在避蚜、冷凉的条件下育苗，可以有效控制病毒的侵染，减轻病毒病的发生，为抗病丰产奠定基础。

三、果蔬育苗方式

果蔬育苗方式，根据育苗基质分为有土育苗和无土育苗，有土育苗包括床土育苗、营养土育苗，无土育苗包括沙砾育苗、炉渣育苗、碳化稻壳土育苗、蛭石珍珠岩育苗、草炭有机质育苗、水培育苗，根据保护根系措施分为土坨育苗、营养土块育苗、纸袋和草钵育苗、塑料钵育苗和穴盘育苗，根据繁殖材料和方式分为播种育苗、扦插育苗、嫁接育苗、组织培养育苗（试管育苗），根据育苗技术水平及生产能力分为普通育苗、集约化育苗、工厂化（机械化）育苗。根据育苗设施分为风障阳畦育苗、酿热温床育苗、电热温床育苗、大棚育苗、日光温室育苗、智能化温室育苗，根据生产能力和机械化程度分为传统育苗和穴盘集约化育苗和工厂化育苗。

本章着重讲解在生产中常用到的传统育苗技术、穴盘育苗技术、嫁接育苗技术、集约化育苗技术和工厂化育苗技术。

第一节 传统育苗技术

传统育苗方式所需设施、设备投资少，育苗成本低，目前这种育苗方式以农户自用为主，也有成批生产以销售为主，是我国应用最普遍的育苗方式。

一、育苗设施

1. 育苗地和阳畦形式的选择

（1）温床　温床根据热源不同区分，比较实用的有马粪酿热温床和电热温床两种。马粪酿热温床是通过微生物的活动，将马粪及其他酿热物分解酿热，从而使育苗床土升温，马粪酿热温床设备简单，成本较低。电热温床是通过电阻丝将电能转化成热能，从而使育苗床土升温。

（2）阳畦　又称冷床。它与温床相似，是只有防风保温设备不进行人工加温的苗床。一般在背风向阳的地方建造苗床，苗床上覆盖塑料薄膜和草苫防寒保温。在寒冷多风地区，冷床的北面可架设防风障。在白天利用阳光提高床温，夜间或阴雨天时利用覆盖物保温。冷床设备简单，成本低。采用冷床培育的果蔬苗，主要用于地膜覆盖栽培和露地栽培。

育苗阳畦一般应选在距栽培地较近、排灌方便、背风向阳的地方。如果在低洼易存水的地方建造阳畦，为防止积水，可使阳畦畦面稍高于地面。目前阳畦有两种基本形式：一种是拱形阳畦，另一种是斜面阳畦。拱形阳畦多数建成南北走向，东西排列，斜面阳畦则全部建成东西走向，南北排列，以便更好地接受阳光和抵御寒风。

阳畦位置和阳畦形式选好后，即可着手建造。在山东、河南北部和河北南部，对于瓜类蔬菜，3月中旬以前育苗的，应在前一年封冻前建好阳畦；3月中旬以后育苗的，可在春季土壤解冻以后建造。无论拱形阳畦还是斜面阳畦，建造工序基本相同，只是规格标准和建成形状不同。

2. 阳畦的建造程序与方法

（1）挖畦床　建畦时，首先，要挖好畦床。挖畦床时先将表层熟土取出，留作配制营养土之用；底层生土挖出后，留作斜面阳畦的北墙和两头斜墙用。拱形阳畦宽100~120cm，斜面阳畦宽120~150cm；畦床深（畦床底至原地面高度）拱形阳畦为20cm，斜面阳畦为25cm；畦床长可根据育苗的多少确定（每平方米苗床可育西瓜苗100~120株），但为了便于控制温度、湿度及通风等的管理，以8~10m长为宜，最多不超过15m。畦床四周（畦墙）要光滑坚固，防止塌落。拱形阳畦床沿（床口）呈平面状。斜面阳畦北墙高出原地面45cm（高出床底70cm），两头筑起北高南低的斜坡墙，使床沿和塑料薄膜呈斜面状。畦床底要整平、踩实，并铺放一薄层细沙或草木灰。

（2）放置营养土　将盛有营养土的营养钵或营养纸袋逐个依次整齐地排列在畦床上。每个钵（纸袋）之间不可挤得过紧，应留出小的空隙，排完后用沙土充填空隙，以备播种。西瓜营养土可用熟园土4份、土杂肥5份、污泥1份（园土松散时加污泥，园土黏紧时加锯末）混合均匀，之后填入床内，整平后灌透水，用刀片割成10cm长、10cm宽、10~12cm深（割至床底）的小方格，以备播种。

（3）插骨架　拱形阳畦需用2m左右长的细竹竿弯曲成弓形，沿阳畦走向每隔50~60cm横插1根，深度以插牢为度。但整个阳畦拱脊应在一条水平线上。另用竹竿或树条分别绑在弓形竹竿的拱脊和拱腰上，并与拱竿呈垂直方向，将每个交叉点用塑料绳绑紧。斜面阳畦可用1.5~1.8m长的细竹竿或树条（根据斜面长确定），沿阳畦走向每隔60~80cm横置1根，南北两端用泥土压住。如果竹竿或树条太细，可将2根并作一处放置，或将竹竿、树条间距由60~80cm缩小到40~50cm，以保持足够的支撑力。

（4）覆盖薄膜 育苗阳畦应采用0.08~0.1mm厚的聚乙烯薄膜或无滴膜，幅宽以2m左右为宜。注意不要使用地膜或无滴膜，以免破损后冻伤幼苗。覆盖薄膜时，最好由3人同时操作，2人分别将裁好的塑料薄膜两边伸直、拉紧，对准阳畦盖在骨架上，另1人用铁锹铲湿土埋压塑料薄膜的四边。拱形阳畦可将一侧20~30cm宽的薄膜埋入土中固定封死，将另一侧所余的薄膜暂时封住，以便播种或苗床管理中随时开启。斜面阳畦可将北边20~30cm宽的薄膜用湿泥压住封死，将南边所余的薄膜暂时埋入土中封住，以便开启。在风多风大地区，盖膜后除将薄膜四周压住外，最好再在薄膜上放置1~3条压膜线（也可用麻绳或塑料绳），以固定薄膜，防止大风掀翻。

3. 电热温床的建造

（1）电热温床育苗的意义 电热温床是随着电力事业的发展而兴起的现代育苗技术。它主要靠电加热线对苗床加温，并装有控温仪，可以实现苗床温度的自动控制。所以，不仅温度均匀，而且温度比较稳定，安全可靠，节约用工，育苗效果较好。但育苗成本较高，而且必须有可靠的电源。

（2）电热线的选择 根据苗床面积来选择电热线，确定电热线的功率。北方地区一般每平方米苗床功率80~90W，南方只要60~70W。苗床的面积确定后，就可确定所用电热线的功率。为了安全可靠，一般在电热线上接有控温仪，控温仪可选用上海生产的UMZK型（能自动显示温度），或选用农用KWD型控温仪。建床时，床址的选择与阳畦苗床相同，但必须在靠近电源的地方。在选好的床址上，挖深25cm、宽1m的长方形床池，长一般10~15m。在池底铺5~10cm厚的麦秸、稻草或草木灰作为隔热材料，铺平踏实，再盖上约2cm厚的土。苗床最好建成东西向，并在床池北侧建一高40cm、宽30~40cm的床墙，南侧建5~10cm高的墙，两端呈斜坡形并与南北两墙相连接。

当苗床面积和电热线长度已知后，便可根据下式计算出布线条数和线距。

布线条数＝（电热线长－2×床宽）÷床长（取偶数）

线距＝床宽÷（布线条数+1）

取10cm长的小木棍，根据线距插在床池的两端，每端的木棍条数与布线条数相等。先将电热线的一端固定在苗床一端最边的1根大棍上，手拉电热线到另一端拴住2根木棍。再返回来挂住2根木棍，如此反复进行，直到布线完毕。最后将引线留在苗床外面。

电热线布完后，接上控温仪，并在床池中盖上2~3cm厚的土并踏实，以埋住和固定电热线。这时可将两端的木棍拔出。然后通电，证明线路连接准确无误时，可以将营养钵排放在床池中，或装好床土浇水后切块。

注意事项　一是布线时要使线在床面上均匀分布。线要互相平行，不能有交叉、重叠、打结或靠近，否则通电后易烧坏绝缘层或烧断电热线。也不能用整盘电热线在空气中通电。电热线和部分接头必须理在土壤中，不能暴露在空气中。二是电热线的功率是额定的，不能剪断分段使用或连接使用，否则会因电阻变化而使电热线温度过高而烧断或发热不足。三是接线时必须备有保险丝和闸刀，各种电器间的连线和控制设备的安全负载电流量要与电热线的总功率相适应，不得超负荷，否则易发生事故。四是电热线工作电压为220V。在单相电源中有多根电热线时，必须并联，不得串联。若用三相电源时必须用星形（Y）接法，不得用三角形（△）接法。五是当需要进入电热温床内时，应首先断开电源。苗床内各项操作均要小心，严禁使用铁锨等锐硬工具操作，以防弄断电热线或破坏绝缘层。一旦断路时，可将内芯接好并用热熔胶密封，然后再用。六是电热线用完后，要轻轻取出，不要强拉硬拽，并洗净后放在阴凉处晾干，安全贮存，防止鼠咬和锈蚀，以备再用。

管理要点：在播种前1d接好电接点，并将温度计插在床土中，将温度调到30℃，接通电源加温，当床温升至30℃时即可播种。以后根据需要调节电接点温度计至所需温度即可。

电热温床的温度可通过电热线功率、布线间距来控制电热线功率越大，升温越快，床温越高；线间距越小，升温越快，床温越高。反之，电热线功率越小，升温越慢，床温越低；线间距越大，升温越慢，床温越低。调节电热温床的温度，还可通过控温仪行。转动控温仪的调节旋钮，可改变通向电热线的电流强度，从而改变电热线功率的大小，以达到调节床温的目的。

二、育苗前期处理

1. 配置育苗土

育苗土是指用大田土、腐熟的有机肥、疏松物质（可选用草炭、细河沙、细炉渣、炭化稻壳等）、化学肥料按一定比例配制成的育苗专用土壤，也叫营养土、苗床土。

（1）育苗土应具备的条件　制作要求土粪过筛，含水量适度，松散细碎，肥土翻均匀。避免工业“三废”污染，避免化学农药、除草剂、激素及其他有毒有害物质污染。有机肥必须充分腐熟过筛，并掺混均匀。

育苗土需具备良好的通透性和高度的持水性，保肥保水能力强，土坨不易松散，富含有机质，碳氮比不宜高，矿质营养丰富，pH 值 6~7，不含病菌、虫卵等。播种床土厚度 6~8cm。

（2）制作方法　育苗土用泥炭或酸性田土配置，根据实际情况酌情加入石灰或者草木灰来调节酸碱度。若感觉肥力不足可添加化肥，每平方米育苗土酌情加入，如果用磷酸二铵时叶菜类为 0.5~1kg，果菜类为 1~2kg；或用尿素 0.3~0.5kg，过磷酸钙 2~3kg。

配置好的育苗土要注意消毒。具体方法是先与少量土壤充分混匀后再与所计划的土量进一步拌匀成药土。播种时下铺上盖。多菌灵消毒应每 1 000kg 床土用 50% 多菌灵可湿性粉剂 25~30g，处理时，先把多菌灵配成水溶液，接着喷洒在床土上，拌匀后用塑料薄膜严密覆盖，一般经 2~3d 即可杀死土壤中的多种病原菌。福尔马林消毒时，先将福尔马林、水、床土按 1∶100∶(4 000～5 000) 的比例喷拌均匀，然后堆起，上面覆盖塑料薄膜，闷 2～3d 后再把薄膜揭开，促药气散发。这样，经 1～2 周即可使用。高温消毒若利用太阳热进行高温消毒，可在夏天持续高温期将育苗土用膜封严，使土温达到 50～55℃，一般应持续 5～7d。熏蒸消毒一般用 100 倍的福尔马林喷洒床土，拌匀后堆置，用薄膜密封 5～7d，然后揭开薄膜待药味挥发后再使用。药液消毒可用代森锌或多菌灵 200～400 倍液消毒，每平方米床面用 10g 原药，配成 2～4kg 药液喷浇。

2. 播种

有些蔬菜种子则因种壳厚硬，不易发芽，需在浸种前对种子进行处理，如无籽西瓜、丝瓜、苦瓜等种子在浸种前夹破种壳，能提高种子的发芽率并使种子发芽整齐。

(1) 种子低温处理　在黄瓜上用较多，先将种子常温下浸种 4～6h，然后放在 0℃左右的低温下预冷 2h，再放到-2～8℃温度下处理 24～48h，可以提早结瓜。

(2) 种子消毒　用 50%福美双、50%百菌清、50%多菌灵等杀菌剂 (0.1%～0.5%) 与细土进行拌种。播后能杀死种子周围的病菌。

(3) 温汤浸种　用 2 份开水加 1 份冷水，用水量为种子的 4～5 倍。在浸种前先预浸 2～4h，然后按规定时间 (5～30min) 恒温浸泡，取出后立即用凉水冷却。

(4) 催芽　一般做法是将种子用干净潮湿的棉麻织物（包裹种子催芽的包装宜选择布等，而不能用薄膜袋），覆盖或放在温室，靠近暖气、炉火等有持续热源的地方以满足其温度的要求。有条件的可以直接放入恒温箱内催芽。当胚根突破种皮（露白）时应及时播种。常用的催芽方法有体温催芽法、炉灶催芽法、温瓶催芽法、恒温箱催芽法等。同时，在催芽期间应把握好以下几个方面：适宜温湿度、充足的氧气以及光照（部分种类）。

(5) 播种　经催芽的种子芽长约 0.5cm，即一般所谓“露白”就可播种。早春播种，覆土的厚度很关键，若覆土过厚，则不易出苗；若覆土过浅，则出苗容易“戴帽”（子叶被种壳夹住）。一般认为，早春播种覆土的深度约为种子厚度的2倍即可。另外，播种后营养土的含水量掌握在80%左右较为适宜。播种完毕，应选用干净、透光性好的薄膜进行覆盖，以提高温度。而且播种的时间应尽量选在上午进行。

播种方式：撒播、条播、点播（穴播）。

撒播方法是在平整的畦面上均匀地撒上种子，然后覆土。适用于容易发芽、发芽率高及种子细小的植物，常用于大面积生产，例如叶菜类、五谷杂粮、草坪作物等。撒播的优点一是方法简单易上手，二是产生的种苗量多，土地利用率高。撒播的缺点一是仅适用于小型种子，种子使用量大；二是种子成苗后不整齐，密度不均匀，较难中耕除草和幼苗管理；三是需要配合间苗，提高小苗的品质。

条播方法是平整好的床土平面上按一定行距开沟播种，然后覆土。适用于中大型种子或者成本比较高的种子。条播的优点一是比较节省种子；二是长出来的小苗有适当的行距，品质较高；三是有适当的行距，机械操作和田间管理比较方便。条播的缺点一是需要根据植物的种类来计算合适的间距；二是需要预先在地上做畦或者开沟，成本较高；三是虽然行距有保证，但是行内的株距不一，可能需要进行间苗，避免小苗之间互相竞争。

点播（穴播）方法是按一定株行距开穴点种。适用于种子量少、大颗粒种子、成本较高种子以及需要丛植的蔬菜。点播的优点一是因为在播种时就规划了适当的株距和行距，长出的小苗质量最好，避免后续的移植或者间苗，管理较容易；二是适合那些不适合移植、直根系的作物，如萝卜。点播的缺点一是大面积栽培时，仅适合大颗粒种子或者不耐移植的作物；二是播种初期的工作量和投入成本高；三是适用种子量少，因此单位面积的作物生产株数也少。

无论是干播还是湿播（干燥种，发芽种植），播种技术环节一致。

整地做厢→起播沟（穴）→床土洒水（打足底水）→水渗后撒

一层药土→播种（保持均匀）→覆一层药土→覆一层营养土（草木灰）→淋水。

整平苗床：可用于直接播种，或将播种后的营养钵、育苗盘等摆放在上面。

浇足底水：指种床的底水浇透，营养钵、育苗盘等以水渗透后，营养土表面不存水为标准。

撒药土：底水渗下后薄薄地撒一层药土，也称翻身土。

播种：依据种子大小，选择撒播、条播、点播均匀操作。

覆土：先覆药土，再覆营养土，均匀覆盖，厚度为种子直径的3~5倍。淋水，再整平床面。

（6）护根措施　分为营养土块和营养钵两种。营养土块育苗又称营养土方育苗，营养土块制作方法是将育苗土用机械压制成方形或圆形小块，一般直径或边长为5~8cm。此方法优点是营养条件好、定植时伤根少和适于机械化栽苗。营养钵种类繁多，从材质分为塑料钵、泥炭钵、纸钵等，从形状分为圆形、方形、六棱形等。根据种子和苗龄选用不同规格和材质的营养钵。营养钵可以改善土壤的吸肥保水能力和透气性，有利培育壮苗。定植时可以保护根系，有利秧苗迅速恢复生长达到早熟丰产的目的。

三、苗期管理

1. 播种到出苗

播种后立即用地膜覆盖床面，增温保墒。喜温蔬菜苗床温度控制在25~30℃，喜凉蔬菜20~25℃。80%以上出苗后及时揭去薄膜。

2. 出苗到分苗

（1）籽苗期　出苗到破心时期。开始通风降温，并延长光照时间，使幼苗多见光。前期尽量不浇水，可向幼苗根部筛细潮土，后期如苗床缺水，可选晴天喷1次透水。

（2）小苗期　破心到2~3片真叶展开，促控结合，以控为主，保证小苗在适温、阳光充足的条件下生长。

发生猝倒病应及时将病苗挖去，以药土填穴。

3. 分苗

即从播种床移植到分苗床，适合育苗期长、耐移植的蔬菜，移植类蔬菜有茄果类、白菜类等，移植稍有困难类如瓜类、豆类等。

分苗（移植）床土：为保证幼苗期有充足的营养和定植时不散坨，分苗营养土应加大田土和优质粪肥，分苗床土厚度10~12cm。

（1）分苗的技术与壮苗　分苗次数以1次为宜。分苗面积为籽苗期$2cm^2$，3叶1心期$10cm^2$（单株）或$20cm^2$（双株），成苗期$60\sim80cm^2$（双株），显大蕾期$200cm^2$以下。

（2）分苗的优点与缺点　优点是扩大秧苗面积，秧苗不易徒长。降低育苗成本。籽苗床面积小，便于管理，提高出苗率和保苗率。促发侧根，增加根冠比，增强根系活力，有利于缓苗活棵和培育适龄壮苗。分苗过程中，淘汰小苗、弱苗，保证苗床长势均匀强壮。缺点是分苗技术方法不当时，会严重伤根、伤茎，轻者延长缓苗期增加育苗天数，重者影响成活率或发生猝倒病。

（3）分苗时期　在籽苗床营养面积尚未对秧苗生长产生阻碍时分苗。忌分苗偏晚或伤根严重，以免影响花芽分化及发育。便于人工操作，防止籽苗太小操作难度大。

4. 分苗到缓苗

缓苗期以促为主，保温保湿，促进缓苗。缓苗期结束的标志：幼叶开始生长，根系发生新根。

5. 缓苗到定植前

定植前5~7d需要进行秧苗锻炼，目的是增强秧苗抗逆性，提高秧苗对定植环境的适应能力。具体做法是定植前7~10d逐渐降低床温，一般在晴天傍晚或者阴雨天，掀起小拱棚上的覆盖物，按照时间由短至长，通风口由少至多的步骤，逐步进行秧苗锻炼，直至都不覆盖遮阴物。这个时期需要注意防止寒害，时间过长易形成僵老苗。缓苗过程要逐渐进行，直至与大田环境相接近。

（1）成苗期管理　要求有较高的日温、较低的夜温、强光和适当肥水，避免幼苗徒长，促进果菜类花芽分化。温度管理：要采取昼夜大温差育苗，25~30℃或15~20℃，适宜地温为15~18℃。定植前7~10d，要降温炼苗。水分管理：成苗期秧苗根系发达，生长量大，水分管理应注意增大浇水量，减少浇水次数，使土壤见干见湿。浇水须选择晴天的上午进行，否则温度低、湿度大，幼苗易发病。光照管理：果菜类蔬菜花芽分化，秧苗对光照的要求越来越高，可通过张挂反光幕来增加设施内光照。

（2）壮苗的标准　一般形态特征标准：生长健壮，高度适中，茎粗节短；叶片较大，生长舒张，叶色正常或稍有光泽；子叶大而肥厚，子叶和真叶都不过早脱落或变黄；根系发达，尤其侧根多，定植时短白根弥补育苗基质块的周围；秧苗既不徒长也不老化；无病虫为害；若用于早熟栽培的秧苗，应带有肉眼可见的健壮花蕾，且营养生长和生殖生长协调；适应能力强，定植后缓苗快。

（3）培育壮苗的措施　适期播种，适期定植，保证适宜苗龄，培育适龄壮苗；合理规划育苗设施设备，提高设施性能，保障性能需求；加强温光水肥气管理，预防病虫草害，加强其他农艺管理（如分苗、嫁接、覆土、间苗等）；采用新技术育苗，如无土育苗、嫁接育苗、电热温床育苗或植物工厂育苗等。

第二节　穴盘育苗技术

穴盘育苗是在人工控制的最佳环境条件下，充分利用自然资源，采用科学的、标准化的技术措施，运用机械化、自动化和手工等手段，使作物秧苗生产达到快速、优质、高效、成批而又稳定的一种育苗方式，具有节省育苗设施、便于远距离运输的优点，对播种、浇水、施肥、环境控制等环节采用手工操作和机械操作相结合，适合目前我国生产力发展水平的果蔬育苗方式。与传统育苗相比，穴盘育苗技术消除了育苗取土对耕地资源的破坏，解决了传统育苗土壤消毒的难题。

一、穴盘育苗概念

穴盘育苗是以草炭、蛭石等轻基质材料做育苗基质，采用机械化精量播种，一次成苗的现代化育苗体系，是20世纪70年代发展起来的一项新的育苗技术。由于这种育苗方式选用的苗盘是分格室的，播种时1穴1粒，成苗时1室1株并且成株苗的根系与基质能够相互缠绕在一起，根坨呈上大底小的塞子形，故而美国把这种苗成为塞子苗，日本称其为框穴成型苗，我国引进以后称这种技术为穴盘育苗。

二、穴盘育苗优点

与常规育苗相比，穴盘育苗有以下优点。

1. 省工省力，机械化生产效率高

穴盘育苗采用精量播种，一次成苗，从基质混拌、装盘至播种、覆盖等一系列作业实现了自动控制，苗龄比常规育苗缩短10~20d，劳动效率提高了5~7倍。

2. 节省能源、种子和育苗场地，降低成本

穴盘育苗一般是1穴1粒种子，并且集中育苗，单位面积上的育苗量比常规育苗高，根据每盘孔数的不同，每公顷地可育苗315万~1 260万株，采用穴盘育苗能有效增加保护地生产面积。因此和常规育苗相比，穴盘育苗成本可降低30%~50%。

3. 没有缓苗期

采用穴盘育方法，由于幼苗的抗逆性增强，并且定植不伤根，没有缓苗期。如果是裸根苗，成活率常常受到影响，而穴盘育苗属于带坨移栽，所以定植到田间后，缓苗快，成活率高。

4. 适宜远距离运输

穴盘育苗是以轻基质无土材料做育苗基质，这些育苗基质具有比重轻、保水能力强、根坨不易散等特点，适合远距离运输。

5. 便于规范化管理

在缺少育苗技术的地区尤其合适，随着城市的发展，老菜田逐渐减少，新菜田不断被开发，随之而来的是蔬菜种植技术的缺乏，尤其是蔬菜种植当中最为重要的育苗技术。目前有不少热衷于投资农业者，但是他们缺乏栽培技术。穴盘育苗的发展使他们可以通过集中育苗或购买商品苗来解决育苗技术难关。

6. 穴盘育苗可解除农民的后顾之忧，使农民从“小而全”农业中解放出来

采用穴盘育苗，可以加快对“名、特、优、新”蔬菜的开发利用和推广，缓解蔬菜淡季市场，丰富人民的菜篮子。由于穴盘育苗采用工厂化专业化生产方式育苗，有利于推广优良品种，减少假冒伪劣种子的泛滥为害，有利于规范化科学管理，提高秧苗质量。

三、穴盘的选择

穴盘是工厂化穴盘育苗的重要载体，必不可少。按取材不同分为聚苯泡沫穴盘和塑料穴盘。由于轻便、节省面积的原因，塑料穴盘的应用更为广泛。一般塑料穴盘的尺寸为54cm×28cm，一张穴盘可有50、72、128、200、288、400、512个育苗孔。目前市场上常用的有美国和韩国生产的穴盘。美式吸塑穴盘分重型、轻型和普通型3种，轻型盘自重130g左右，重型盘自重200g以上，购置轻型盘比重型盘节省30%开支，但从寿命来看，重盘使用次数是轻盘的2倍，如果精心使用，每个穴盘可以连续使用2~3年。韩国穴盘与美国穴盘相比，72孔容积相对偏小，仅为3 186mL。128孔和288孔容积比美国穴盘容积大，分别为4 559mL和2 909mL，每个盘自重为180g以上，价格比美国穴盘便宜，在选用穴盘之前对穴盘的特征特性应有所了解。

1. 孔穴的形状

影响穴盘的容积。孔穴的形状分为圆锥体和方椎体，我国普遍以方椎体穴盘用于蔬菜育苗。同样穴数的苗盘，方椎体性比圆锥体性容积大，以288孔苗盘为例，方锥体形每个孔穴容积为6. 18mL，圆锥

体积仅为4.66mL，方锥体孔穴的体积是圆锥体孔穴的133%。因此，可为根系提供较多的氧气和营养物质，以利于根系的生长。

2. 孔穴的深度

孔穴深度影响孔穴中空气的含量。据美国资料报道，以273孔为例，2.54cm深的穴盘其空气含量为2.7%，5.08cm深的含量为10%，空气含量提高了7.3%，因此深盘较浅盘为幼苗提供了较多的氧气，促进了根系的生长发育。但是，选用深孔穴苗盘育苗应适当延长育苗期，以利于提苗。

3. 孔穴的大小

即孔穴的营养体积影响幼苗的生长发育速度和植株早期产量。资料显示选用不同穴盘，在相同日历苗龄条件下，由于植株根系的营养体积不同，故植株生态表现及早期产量都有较大差异，但总产量无较大差异。

在生产中，一般瓜类如南瓜、西瓜、冬瓜、甜瓜多采用20穴，有时会采用50穴；黄瓜多采用72穴或128穴；茄科蔬菜如番茄、辣椒苗子采用128穴和200穴；叶菜类蔬菜如青花菜、甘蓝、生菜、芹菜可采用200穴或288穴。穴盘孔数多时，虽然育苗效率提高，但每孔空间小，基质也少，对肥水的保持差，同时植株见光面积小，要求的育苗水平要更高。

四、基质的选择和配比

育苗基质的选择是穴盘育苗成功与否的关键因素之一，目前用于穴盘育苗的基质材料，除草炭、蛭石、珍珠岩外，蘑菇渣、腐叶土、锯末、玉米芯等均可做基质材料。

草炭的持水性和透气性好，富含有机质，而且具有较强的离子吸附性能，在基质中主要起持水、透气、保肥的作用；蛭石的持水性特别出色，可以起到保水作用，但蛭石的透气性差，不利于根系的生长，全部采用蛭石容易沤根；珍珠岩吸水性差，主要起透气作用。3种物质的适当配比，可以达到最佳的育苗效果，也可以根据不同地区的特点，调整配比的比例，如南方高湿多雨地区可适当增加珍珠岩的比例，西北干燥地区可以适当增加蛭石的比例，达到因地制宜的效果。一般的配比比例为草炭：蛭石：珍珠岩=3：1：1。

五、穴盘育苗对水质的要求

水质是影响穴盘育苗的重要因素之一，由于穴格介质少，对水质和供给量要求较高。水质不良对作物将造成伤害，轻则减缓生长、降低品质，严重时导致植株死亡。

六、播种和催芽

穴盘育苗生产对种子的质量要求较高，出苗率低，造成穴盘空格增加，形成浪费，出苗不整齐则使穴盘苗质量下降，难以形成好的商品。因此，蔬菜穴盘育苗通常需要对种子进行预处理。一般的种子可采用先浸种催芽再播种的方法，可形成非常整齐的种苗，发挥穴盘育苗的优势。种子处理的方法包括精选、温烫浸种、药剂浸（拌）种、搓洗、催芽等。

七、苗床管理

工厂化穴盘育苗的水肥管理是育苗的重要环节，贯穿于整个育苗过程。穴盘育苗供水最重要的是均匀度，一般规模较小的育苗场以传统人工浇灌方式为主，此法给水均匀，但费工、费时且施肥困难，成本高。目前，专业化的育苗公司多采用走式悬臂喷灌系统，可机械设定喷洒量与时间，洒水均匀，无死角、无重叠区，并可加装稀释定比器配合施肥作业，解决人工施肥的困难。在大规模育苗时，穴盘苗因规格小，每株幼苗生长空间有限，穴盘中央的幼苗容易互相遮蔽光线及湿度高造成徒长，而穴盘边缘的幼苗通风较好而容易失水，边际效应非常明显，尤其是在我国东西部等干燥地区。因此，维持正常生长及防止幼苗徒长之间，水量的平衡需要精密控制。穴盘苗发育阶段可分为四个时期：第一期，种子萌芽期；第二期，子叶及茎伸长期

（展根期）；第三期，真叶生长期；第四期，炼苗期。每个发育生长时期对水量需求不一，第一期对水分及氧气需求较高，以利发芽，相对湿度维持95%~100%，供水以喷雾粒径15~80μm为佳。第二期水分供给稍减，相对湿度降到80%，使介质通气量增加，以利根部在通气较佳的介质中生长。第三期供水应随苗株成长而增加。第四期则限制给水以健化植株。除对四期进行水分管理外，在实际育苗供水上有几点注意事项：一是阴雨天日照不足且湿度高时不宜浇水；二是浇水以正午前为主，15时后绝不可灌水，以免夜间潮湿徒长；三是穴盘边缘苗株易失水，必要时进行人工补水。

工厂化穴盘育苗，由于容器空间有限，需要及时地补充养分。目前，有许多市售的水溶性复合化学肥料，具有各种配方，皆可溶于灌溉水中进行施肥，十分方便。在穴盘育苗上经常用氮、磷、钾含量20-20-20、20-10-20、14-0-14、15-0-15、25-15-20、15-10-30等配方的完全复合肥料，依不同作物、不同苗龄交替施用，若以营养液方式高频度施用，其浓度在25~350mg/L。子叶及展根期可用复合肥氮磷钾含量为20-5-20或20-20-20的复合肥料50mg/L，真叶期用量可增为125~350mg/L，成苗期目的在健壮苗株，应减少施肥，增施硝酸钙。

施肥管理需使育苗介质处于适当离子含量与电导率为原则，但一般栽培时易施肥过量，所以要定期测定EC值，EC值越高表示介质中营养要素浓度太高，幼苗会产生盐害凋萎，或抑制幼苗正常生长，必须用清水大量淋洗介质，把多余盐分洗出。另外，很多商品介质已添加肥料，使用前应先了解成分。

八、穴盘育苗的矮化技术

蔬菜穴盘育苗地上部及地下部受空间限制，往往造成生长形态徒长细弱，为穴盘育苗生产品质上最大的缺点，也是无法全面取代土播苗的主要原因，故如何生产矮壮的穴盘苗是育苗业者努力追求的方向。一般可利用控制光线、温度、水分等方式来矮化秧苗。生长调节剂虽然能很好地控制植株高度，但被绿色食品和有机食品生产所限制，不宜提倡。

1. 光线

植物形态与光线有关，植物自种子萌发后若处于黑暗中生长，易形成黄化苗，其上胚轴细长、子叶卷曲无法平展且无法形成叶绿素，植物接受光照后，则叶绿素形成，叶片生长发育，且光线会抑制节间的伸长，故植物在弱光下节间伸长而徒长，在强光下节间为短缩。不同光质亦会影响植物茎的生长，能量高、波长较短的红光会抑制茎的生长，红光与远红光影响节间的长度。因此，在穴盘育生产上，要考虑成本，不宜人工补光，但在温室覆盖材质上，必须选择透光率高的材料。

2. 温度

夜间的高温易造成种苗的徒长。因此，在植物的许可温度范围内，尽量降低夜温，加大昼夜温差，有利于培养壮苗。

3. 水分

适当的限制供水可有效矮化植株并且使植物组织紧密，将叶片水分控制在轻微的缺水下，使茎部细胞伸长受阻，但光合作用仍正常进行，使较多的养分蓄积至根部，用于根部的生长，可缩短地上部的节间长度，增加根部比例，对穴盘苗移植后恢复生长极为有利。

4. 常用的生长调节剂

常用的生长调节剂有 B_9、矮壮素、多效唑、烯效唑等。B_9（花生禁用）的化学成分容易在土壤中分解，因此通常使用叶面喷施，使用浓度为 1 000~1 300mg/L。矮壮素的使用浓度是 100~300mg/L，多效唑一般使用 5~15mg/L，烯效唑的使用浓度一般是多效唑的 1/2。

九、穴盘苗的炼苗

穴盘苗由播种至幼苗养成的过程中水分或养分供应充分，且在保护设施内幼苗生长良好。当穴盘苗达到出圃标准，经包装贮运定植至无设施条件保护的田间，各种生长逆境，如干旱、高温、低温、贮运过程的黑暗弱光等，往往造成种苗品质下降，定植成活率差，使农户对穴盘苗的接受力降低。如何经过适当处理使穴盘苗在移植、定植后迅速生长，穴盘种苗的炼苗就显得非常重要。

穴盘苗在供水充裕的环境下生长，地上部发达，有较大的叶面积，但在移植后，田间日光直晒及风的吹袭下叶片蒸散速率快，容易发生缺水情况，使幼苗叶片脱落以减少水分损失，并伴随光合作用减少而影响幼苗恢复生长能力。若出圃定植前进行适当控水，则植物叶片角质层增厚或脂质累积，可以反射太阳辐射，减少叶片温度上升，减少叶片水分蒸散，以增加对缺水的适应力。

夏季高温季节，采用荫棚育苗或在有水帘风机降温的设施内育苗，使种苗的生长处于相对优越的环境条件下，这样一旦定植于露地，则难以适应田间的酷热和强光，出圃前应增加光照，尽量创造与田间较为一致的环境，使其适应，可以减少损失。冬季温室育苗，温室内环境条件比较适宜蔬菜的生长，种苗从外观上看，质量非常优良，但定植后难以适应外界的严寒，容易出现冻害和冷害，成活率也大大降低。因此，在出圃前必须炼苗，将种苗置于较低的温度环境下3~5d，可以达到理想的效果。

第三节 嫁接育苗技术

一、嫁接育苗意义

嫁接育苗：采用嫁接技术培育秧苗。

嫁接技术：将植物的芽或枝（接穗）接到另一个植物体（砧木）的适当部位，使两者结合成一个新植物体的技术。

嫁接育苗技术：果蔬嫁接的主要意义在于增强其抗病性，增强对环境的适应能力。例如，西瓜容易感染枯萎病，而瓠瓜不易；番茄容易感染青枯病，而茄子则不易，生产上往往利用其抗病性的差异，分别用瓠瓜、茄子作砧木，西瓜、番茄作接穗，将西瓜、番茄幼苗分别嫁接于瓠瓜、茄子幼苗上，从而达到预防西瓜枯萎病和番茄青枯病的目的。

二、嫁接成活的原理

1. 亲和性

即砧木和接穗要有一定的亲缘关系，才能保证嫁接成活。亲缘关系的远近程度要求砧木与接穗至少是同科的植物。

2. 嫁接原理

只有砧木与接穗之间的形成层吻合，才能成功。蔬菜幼苗组织柔嫩，多为薄壁细胞，均有分生能力，不一定要求切面是形成层，只要求砧木和接穗两者能保持紧密接触，削面细胞分裂生长，使之能迅速愈合。

三、嫁接技术

一般而言，砧木要比接穗大，故要适当提前播种，如西瓜嫁接，用瓠瓜作砧木，应提前一周左右播种；番茄嫁接，用茄子作砧木，因茄子生长慢，宜提前 15~20d 播种。对于接穗而言，苗龄愈小愈好，愈容易成活；苗龄太大，由于蒸发量大，容易凋萎，影响成活率。蔬菜嫁接有插接、靠接和劈接三种方法。

1. 插接法

分为顶（斜）插接、水平插接、腹插接、插皮法。顶插接就是在砧木顶部（生长点）把接穗插进去，以达到插接目的。先用刀片削除砧木生长点，然后用竹签在砧木口斜戳深约 1cm 的孔，取接穗在子叶以下削长约 1cm 的楔形面，插入砧木孔中即成。嫁接时砧木苗以真叶出现时为宜，接穗苗以子叶充分开展为宜。为使砧木与接穗适期相遇，砧木应提前 5~7d 播种，出苗后移入钵中，同时播种接穗，7~10d 后嫁接。

（1）优点　操作工序少，嫁接工效高；接穗离地面远，防病效果好。

（2）缺点　接穗对不良环境的反应比较敏感，成活率受气候及管理水平影响大，育苗风险大。

主要用于西瓜、甜瓜以防病为目的的嫁接。

2. 靠接法

砧木与接穗苗大小接近。削掉砧木生长点并在下胚轴靠近子叶处用刀片向下斜削，深及胚轴的2/5～1/2，然后在接穗的相应部位向上斜削一刀，深及胚轴的1/2～2/3，长度与砧木所切相等，将二者切口嵌入，捆扎固定。

（1）优点　操作简单，容易掌握；接穗带根嫁接，成活率高，对苗床要求不严格，容易掌握。

（2）缺点　嫁接工序多，工效低；嫁接苗接口离地面近，易生不定根而感染病菌。

主要应用于土壤病害不太严重的黄瓜、西葫芦，主要目的是提高蔬菜的抗寒能力。

3. 劈接法

去除砧木苗的生长点，将其纵轴一侧用刀片自上而下劈深1～1.5cm；接穗胚轴削成楔形，削面长1～1.5cm，将接穗插入劈口，使砧木和接穗表面平整，用嫁接夹固定即可。砧木与接穗播种时间和方法与插接法相同。

（1）优点　防病效果好，操作简单，容易掌握。

（2）缺点　对缺水、温度反应敏感，对苗床环境要求严格，接口处容易断裂。

主要应用于苗茎实心的蔬菜，如茄子、番茄等果蔬的嫁接。

目前，生产上多用劈接，其嫁接成活率高达90%以上，嫁接后的幼苗便于集中管理。劈接的程序如下：先向砧木苗床浇水，使床土湿润，便于起苗，少伤根系，然后小心将砧木从苗床起出，去掉砧木的生长点，仅保留2片子叶（瓜类）或1～2片真叶（茄子），随后用双面剃须刀在砧木顶端偏一侧下刀，竖切1cm深，切口宽度为茎直径的 2/3 为宜，不要将整个茎劈开。接穗高度以 1.5cm 为宜，用刀片在接穗茎下胚轴 1cm 处下刀，即在下胚轴两边各斜切一刀，使接穗茎基成楔形，要求切口平整。然后将楔形接穗插入砧木切口内，使其吻合；最后一道工序是用棉线捆缚，使其固定，要求拧活线，便于日后解线。也可用嫁接专用塑料夹夹住接合部位，使接穗固定在砧木上。嫁接后立即定植于苗床，并浇上压蔸水。

四、嫁接注意事项

嫁接用具，秧苗要保持干净。嫁接用的刀片、夹子、竹签应洗净、消毒。秧苗要小心取放，谨防沾土，特别是切口部位如沾上泥土，应放入清水中漂洗干净。削好的接穗不要放久，否则容易萎蔫。

动作要稳、准、快。无论哪种嫁接方法削接穗、劈（插、切）砧木及穗砧结合过程，动作迅速、稳固、准确。避免重复下刀，影响质量。

及时遮阳防止秧苗萎蔫。在清晨、傍晚阳光较弱或阴天进行，不需遮阳。在晴天或直射光较强时进行，需事先遮阳。嫁接完毕即移入保湿防晒的拱棚内。

五、嫁接苗的管理

1. 水温管理

为了使砧木与接穗更好地愈合，需要保证苗床具有一定的温度。一般白天在 22~25℃，夜间维持在 14~16℃。要关注天气预报，做好温度管理工作，防止高温灼苗和低温冻苗。

嫁接苗的砧木和接穗都有伤口，极易失水而萎缩。因此要保持苗床内较高的湿度。嫁接苗在之后随机浇一次透水，盖好塑料薄膜，在 2~3d 内无需通风，以使苗床空气相对湿度保持在 95%左右。

2. 光照管理

嫁接后应将苗床透光面用草苫遮盖起来，有效较少接穗的水分消耗，防治萎蔫。但当嫁接苗成活后应立即去掉遮光物。嫁接苗成活与否，一般观察接穗是否保持新鲜、不凋萎，是否明显生长并较快地展叶。

砧木上萌发的新芽应及时抹除，否则将会影响接穗生长。

3. 防治病虫害

嫁接苗苗期遇到极端天气或者种植户操作管理不当等，增加嫁接苗感染病虫害的机会；靠接苗如果断根不及时增加染病几率。

第四节 集约化育苗技术

一、集约化育苗技术

集约化育苗又称规模化育苗或集中育苗，是以不同规格的专用穴盘为容器，利用草炭、蛭石、珍珠岩等轻基质为栽培载体，采用精量化播种（1穴1粒），综合利用现代园艺技术，市场化运作特色明显的一项果蔬生产技术。

集约化育苗技术包括四个方面的内涵：一是集成，即把以往繁琐的育苗环节和复杂的秧苗管理技术集成起来，实行规范化管理；二是集中，集中资金投入，改分散育苗为集中育苗，有条件的地方实行工厂化育苗；三是节约，即体现省工、省药、省种，从而实现增产、增收、增效；四是安全，即减少农药施用，降低农药残留，保证育苗质量，准时提供壮苗。

当前我国蔬菜集约化育苗呈现以穴盘育苗为规模化育苗的主要形式，以营养块育苗为小规模育苗辅助形式的发展态势。2008年，农业部（现农业农村部）将集约化育苗作为蔬菜产业内主推的先进实用技术，同时作为蔬菜标准园创建的重要内容。蔬菜集约化育苗改变了传统蔬菜生产中各户分散育苗的少、慢、差、费的落后状态，最终达到现代化水平必须经过的生产发展阶段。

1. 优点

(1) 独立一次成苗　减少了分苗、移栽工序对幼苗根系的损伤，同时便于种苗长距离运输与销售。

(2) 采用人工混配的轻型基质　具有适宜幼苗根系发育的物理特性（如容重、孔隙度、持水力、阳离子交换量等）、化学特性（如pH值、EC值、有机质和矿质元素含量等）、生物学特性（如含一定数量的植物促生菌群），有利于幼苗整齐、健壮生长。

(3) 适于机械化操作　针对标准规格的穴盘，国际上已开发出基质填装——播种流水线作业机械、移栽机械、嫁接机械等，极大提高了生产效率。

(4) 节约用种量　按照标准化的穴盘育苗工艺流程，幼苗成苗率比传统的土壤平畦育苗提高20%~50%。

(5) 育苗能耗降低　穴盘育苗条件下每平方米苗床育苗量可达300~700株，提高了育苗设施的利用率，也相应降低了单位育苗量的设施能量消耗，如增温降温能耗、通风能耗、增施二氧化碳能耗、灌溉施肥能耗等。

(6) 利于新品种推广、有效防止土传病害，可以周年连续生产。

(7) 优化幼苗质量　定植无损伤，定植后幼苗缓苗期很短，利于早熟丰产。

2. 缺点

(1) 要求较高的资金集约性　包括建设育苗设施、操作车间、催芽室，购置穴盘、作业机械、运销车辆、人工基质，配置苗床、环境调控设备等。

(2) 要求较高的技术集约性　包括种子处理技术、催芽技术、苗期发育调控技术（特别是徒长控制）、炼苗技术防灾减灾技术、商品苗营销技术等。

(3) 要求农资供应的优质　包括良种、基质原料、优质全水溶性肥料、精准作业设备等。

二、人工操作配套设备

1. 苗床设备

(1) 简易育苗床架 简易育苗床架可用砖、木棍等做成床架，床架上用木板条、竹片、石棉瓦、泡沫板等做成床面，也可直接在地面上铺砖、炉渣、沙子和小石子等，然后把穴盘摆放在上面。该床架要求铺垫硬质、重型的材料，防止穿过穴孔的根系扩大生长，在提苗时致使幼苗伤根。这种苗床建造简单、费用低，广泛用于日光温室育苗。

(2) 固定式育苗床 固定式育苗床主要由固定床架、苗床框以及承托材料等组成。床架用角铁、方钢等制作，育苗框多采用铝合金制作，承托材料可用钢丝网、聚苯泡沫板等。育苗床高度一般为80~90cm，宽度不宜超过1.8m，要求在苗床两侧作业时均能探及中央。固定式苗床有利于育苗床通风和避免根系从穴盘底孔伸出，因苗床位置固定，作业较方便；但走道占地面积大，育苗温室利用率相对较低，苗床面积一般只有温室总面积的50%~65%。

(3) 移动式育苗床 移动式苗床床架固定，育苗框可通过滚动杆的转动而横向移动或将育苗框做成活动的单个小型框架，在苗床床架上纵向推拉移动。移动式苗床宽1.6~1.8m，高0.7~0.8m，长度按温室情况确定。采用移动式苗床，室内设计只需留一条走道，通过滚轴任意移动苗床，可扩大苗床的面积，使育苗温室的空间利用率由60%提高至80%以上。但对制作工艺、材料强度等要求高。

2. 催芽设备

催芽室是一种能自动调节温度、湿度的育苗设施，催芽数量大，空间利用率高，节约能源，出苗迅速整齐。催芽室在我国北方寒冷地区应建在温室内，以充分利用温室的空间能量；在冬春季比较温暖的地区可以建在大棚或其他专用的房子内。建造催芽室应考虑以下几个问题：待种子60%拱土时移出；催芽室规模与育苗量关系密切，年产1 000万株的育苗场，可配置60m^{2}的催芽室，一次可催芽20万株；催芽室距离育苗温室不易太远；室内采用电热线加温，布线时电热线应以不小于 2cm 的间距整齐地排在催芽室内，距塑料薄膜 5~10cm 为宜，当外界温度为 0℃、催芽室温度为 30℃时，布线功率每立方米应大于 110W；催芽室温度应保持在白天 30~35℃，夜间 18~20℃；催芽室应设置育苗床架，床架的规格要与催芽室相匹配，层间距离 15cm 左右，上下分 10 层。床架下面装 4 个橡胶轮，以便于推进和拉出；催芽室应采用双重门，门外悬挂棉门帘；催芽室应配置电源和水源，电器设备如开关、控温仪、控湿仪（感应探头除外）、电表等应放在催芽室外。

育苗量计算方法：

温室面积：$70m \times 8m = 560m^2$

单个穴盘面积：$0.54m \times 0.28m = 0.151\,2m^2$

走道面积：$0.6m \times 70m \times 2 = 84m^2$

每个温室可摆放穴盘：$(560m^2 - 84m^2) \div 0.151\,2m^2 = 3\,148$ 个

每个温室一次可育苗：$3\,148 \times 72 = 226\,656$ 万株

3. 育苗容器

（1）营养钵　从材质来分有塑料钵、纸钵和育苗杯 3 种。形状多样，有圆形、方形、六棱形等。目前，果蔬生产中应用最多的为单个、近圆柱形塑料钵，上口直径 6~10cm，下口直径 5~8cm，高 8~12cm，底部有 13 个排水孔；纸钵是由纸浆和亲水性纤维等制作而成的。纸钵展开呈蜂窝状，由许多上下开口的六棱形纸钵连接在一起而成，不用时可以折叠成册。使用时在纸钵内下铺透水性好且又不致被根系穿透的垫板或无纺布，使表面平整，厚度适当，具有弹性；育苗杯是利用可降解的植物秸秆做的杯状育苗容器，有连体的，也有单个的。定植时将幼苗和杯一同栽植。根据生产需要，调节育苗杯的降解时间。育苗杯降解后，可以改善土壤结构，提高土壤肥力。

（2）穴盘　穴盘是目前我国集约化育苗中使用最为广泛的育苗容器，可以看作把许多营养钵连成一体的连体钵。具体内容参考第六章第二节。

(3) 草炭营养块 草炭营养块是根据作物苗期养分需求规律，以草炭为主要原料，辅以缓释配方肥，采用先进工艺压制而成，适用于一家一户育苗和小规模商品化育苗。操作技术要点如下：①选用适宜规格的营养块。小粒种子蔬菜如番茄、茄子等宜选用圆形小孔营养块，大粒种子蔬菜如西瓜、黄瓜、甜瓜等，宜选用圆形大孔的营养块，采用嫁接育苗的蔬菜，宜选用圆形双孔营养块。②种子处理及播种。种子先进行催芽露白处理。在苗床底部平铺一层聚乙烯薄膜，按间距 1cm 把营养块摆放在苗床上。播种前必须将营养块浇透水，薄膜有积水后停喷，积水吸干后再喷，反复 5~6 次，直到营养块完全膨胀。放置 4~5h 后开始播种。种子平放穴内，上覆 1~1.5cm 厚的蛭石或用多菌灵处理过的细沙土。采用靠接双孔播种时注意种子摆放方向和播种时间差，一般接穗比砧木早播 3~5d。③苗期管理。播种后要保持营养块水分充足，定植前停水炼苗。喷水时不能大水浸泡，可以在薄膜上保持适量存水，喷水时间和次数应根据温度灵活掌握，当根系布满整个营养块、白尖嫩根稍外露即可定植。

(4) 水培泡沫小方块 泡沫小方块育苗适用于深液流水培（DFT）或营养液膜（NFT）栽培。将育苗专用的聚氨酯泡沫小方块平铺于育苗盘中，每一块方块中央切一个“×”形缝隙，将经过催芽的种子逐个嵌入缝隙中，在育苗盘中加入营养液，成苗后一块块分离，定植到种植槽。

4. 播种设备

(1) 压穴器 压穴器是根据穴盘规格制作的，用于压制播种穴的木钉板或金属钉板。钉为圆柱形或顶部圆锥形，直径 3mm 左右，高 6~10mm，数量与穴盘孔数一致。大粒种子（如瓜类）播种时，可用相同规格的穴盘代替压穴器进行压穴操作。

(2) 移苗针和移苗匙 移苗针是一根长约 10cm，直径 1~2mm 的铁丝或其他相似的物件，主要用于刚出苗时向未出苗的穴孔内移苗。移苗匙为铁片或木片，宽度与孔穴一边相适应，主要用于将大小不一致的苗分类移植。

（3）刮平板　刮平板是由木质或金属质材制成，专门用于从穴盘上刮下多余基质的工具，至少有一条平直的边。

（4）洒水桶　由莲花喷头、桶身和拎把手组成，用于基质加湿，也可作为灌溉系统的有力补充。

5. 灌溉施肥设备

手动灌溉系统主要由喷头通过软管等部件接入水泵或自来水管口组成，通过人工拖动进行浇水。这种方法投资少，在日光温室蔬菜穴盘育苗中普遍使用。另外，也可采用喷壶、喷雾器和喷药设备进行灌溉。

蔬菜集约化穴盘育苗施肥通常采用营养液的方式进行。自动灌溉系统中一般都配有施肥罐，将营养液加入施肥罐中随水流施入基质，固定的稀释倍数为 1 000 倍，三元复合肥浓度为 150mg/L。在没有自动灌溉系统的条件下，可人工将营养液浇入基质，但营养液浓度要小于 150mg/L。

6. 环境调控设备

（1）增温设备　①炉灶、煤火加温系统。一般应用于较老式的日光温室。可以采用环绕多面散热式火道，火膛建于室外，火道内径 20cm 左右，高于地面 12cm，沿温室内侧环绕一周后通入烟囱。为促进火道内热量的顺利传递，火道应呈缓坡式抬升，即入口处最低，出口处最高。一般 50m^2 的温室需配备一组火道，生产中要时刻注意火道的气密性，防止漏烟漏气。②锅炉加温系统。由过滤、热水管路、散热器等组成。热源来自煤炭、液化气等燃料，温度控制器可控制锅炉内燃料的燃烧强度，燃烧产生的热量通过管道的循环配置和散热器，传递到育苗温室内加热温室。热水加温的优点是热容量大，设备停止运转后，温度不会急速降低，室内温度比较均匀；缺点是设备造价高，而且不便于移动。③蒸汽采暖系统。以蒸汽为热源，其组成与锅炉加热系统相近，要求输送热媒的管道和散热器必须耐高压、高温、耐腐蚀、密封性好。一般在有蒸汽资源的条件下或有大面积连片温室群供暖时，为节约投资而选用。特点是升温快、遮阴少、热效率高。④暖风机、热风炉加热系统。热风炉主要有燃油型、燃煤型、燃气型 3 种类型，加温的原理是利用热能材料燃烧将循环的冷空气加热到要求指标，然后用鼓风机送入温室内的风筒。风筒上有横径为 10~15mm 的小孔，热空气以射流形式进入室内，烟道废气则经烟囱排出室外，空气在温室内强制循环，提高温度并降低空气湿度。特点是加温运行费用较高，一次性投资小，安装方便简单。⑤电热线加热系统。主要由电热线和控温仪构成，可用于日光温室和塑料大棚等设施加温，将电热线埋入地下或固定在育苗床的钢丝网下，以达到为根区加热的目的。

（2）降温设施　①通风口。日光温室、大棚通风口的设置形式不一，有在后墙上开窗通风的，也有在前屋面上下开口换气的。目前应用较多的是扒缝通风口，即在前屋面设上、下两排通风口，上排设在近屋脊处，排气能力强，主要是向外排出湿热空气；下排设在前屋面距地面约 1m 高处，主要是起进气作用。两排通风门是由上、中、下 3 幅棚膜按高度要求相互重叠搭缝形成，搭缝处棚膜重叠 20~30cm，且上幅膜压中幅膜，中幅膜压下幅膜，平时两膜之间没有缝隙。需通风时，从两膜搭缝处向上扒开，就变成了一条通风道，风量大小可通过扒缝宽度来调节。这种通风方法，棚膜不易损坏，通风作业速度快，通风换气效果好。②遮阳网。遮阴降温指利用遮阳网覆盖降低温室内的光照强度，达到降低室内温度的目的，有内遮阴降温和外遮阴降温。遮阳网的遮光率为 20%~90%，最常用的是遮光率为 50%的遮阳网。目前市场上销售的遮阳网以黑色和银灰色为主，黑色遮阳网遮光率高，降温快，宜在炎热夏季需要精细管理的田块短期性覆盖使用；银灰色遮阳网遮光率低，适于喜光蔬菜和长期性覆盖。遮阳网的生产材料有两种，一种是石化企业生产的高密度聚乙烯，另一种则是用回收的旧遮阳网或塑料制品进行再加工制成。回收料生产的遮阳网不仅光洁度较低，手感硬，还多具有刺鼻气味，而且使用寿命短，大多只能用 1 年；高密度聚乙烯遮阳网抗老化，耐用，使用寿命可达4年。

（3）补光设备　人工补光在一定条件下可弥补设施内光照的不足，促进作物的光合作用。要求补光照度应在植物的光补偿点以上，具有一定的可调性，而且光线最好近似于太阳光的连续光谱。①白炽灯。白炽灯又称钨丝灯，是将灯丝通电加热到白炽状态，利用热辐射发出可见光的电光源。因其单位功率所产生的光通量低，使用寿命短，生产中已逐渐被淘汰。②荧光灯。荧光灯是利用低压汞蒸气放电产生的紫外线激发涂在灯管内壁的荧光粉而发光的电光源。光谱可调，发光效率高，使用寿命长，价格便宜，是目前使用最普遍的一种光源。③高压气体放电灯。是气体放电灯的一类，通过灯管中的弧光放电，再结合灯管中填充的惰性气体或金属蒸气产生很强的光线。功率大，发光效率高，寿命长，是目前高强度人工补光的主要光源。按填充气体的不同可分为高压钠灯、（荧光）高压汞灯、氙气灯、金属卤化物灯等。④生物效应灯。又称反射型日光色灯。利用充入的碘化镝、碘化亚铊、汞等物质发出其特有的密集型光谱，该光谱十分接近太阳光谱，从而使灯的发光效率及显色性能大为提高。该光源在蓝紫光至橙红光的光谱区域内辐射强度大，红外辐射小，具有光线集中、光利用率高的特点，是加速作物幼苗生长的理想光源适用于各种温室、大棚作为人工光源。

（4）增施二氧化碳设备　在穴盘育苗过程中，增施二氧化碳可以促进壮苗，特别是在寒冷的季节，保护设施无法通风的情况下培育果菜类幼苗时，增施二氧化碳对花芽分化和定植后果实的产量均有较大影响。温室内常用的二氧化碳气源有直接使用工业制品瓶装或罐装气体，也可利用燃烧废气、有机物质降解和化学反应生成。利用管道输送到温室的各处，配合环流风机使室内空气产生流动，避免形成静止空气层，而影响植物的光合作用。

7. 嫁接操作室

嫁接育苗生产需要有嫁接操作室，生产中多在育苗室中进行。嫁接时要求遮光，避免接穗和砧木因光照而脱水萎蔫，造成嫁接苗成活率降低。一般在棚室上部加盖遮阳网，下面安放嫁接操作台，并配备相应的消毒器具、垃圾袋等。特别是靠接育苗，需要将接穗和砧木拔出操作，嫁接后还要及时定植，操作过程中对接穗和砧木的采集、保存均需进行遮光、保温和保湿处理。

8. 嫁接设备

(1) 刀片 嫁接刀片一般用剃须刀，嫁接时将双面刀片一掰两半，既节省刀片，又便于操作。

(2) 竹签 一种是插接时在砧木上插孔用，其粗细程度与接穗苗幼茎粗细一致，一端削成楔形。另一种粗细要求不严，一端削成单面楔形，靠接时用它挑去砧木生长点。

(3) 嫁接夹 嫁接后用来固定接穗和砧木。嫁接夹一般由夹爪和圈簧组成，塑料质材，夹口有平口和圆口之分，旧嫁接夹使用前要用40%甲醛200倍液泡8h消毒。操作人员手指、刀片、竹签用75%酒精涂抹灭菌，生产中间隔1~2h消毒1次，以防杂菌感染嫁接伤口。用酒精棉球擦过的刀片、竹签一定要等到干后才可用，否则将严重影响嫁接苗成活率。

(4) 嫁接针 由陶瓷或硬质塑料制成，断面为六角形，直径约0.5mm，长约1.5cm。用其将接穗和砧木连接起来，在植株体内不影响生长。嫁接针作业工具还包括两面刀片和分针器（类似于自动铅笔）。

(5) 嫁接套管 套管嫁接的工具，一般由扩张弹性良好的橡胶或塑料软管制成，广泛应用于番茄、茄子、西瓜等瓜果类蔬菜育苗。方法是用套管将砧木斜切断面与接穗斜切断面连接套牢，固定在一起，使其切口与切口间紧密结合。套管既能很好地保持接口周围水分，又能阻止病原菌的侵入，有利于伤口愈合，提高嫁接成活率，并且会在嫁接伤口愈合后在田间自然风化、脱落，不用人工去除。套管直径规格有2.5mm和3mm两种。

9. 嫁接苗愈合设施

在温室或塑料大棚中使用小拱棚进行嫁接苗愈合是目前我国使用

最广泛的愈合设施。小拱棚一般分拱圆形和双斜面两种类型，其中拱圆形小拱棚在生产上应用最多。它主要采用毛竹片、竹竿、荆条或直径 6~8mm 的钢筋等材料，将其弯成长 1~3m、高 0.5~1m 的拱形骨架，骨架用竹竿或铁丝连成整体，上覆 0.05~0.1mm 厚的薄膜，外用压或压膜线等固定薄膜而成。为便于人工作业，一般小拱棚宽为 1.5m。为调节小拱棚的内部温度，可在棚底铺 15cm 厚的土，并在土下面 2cm 处铺设电热线，电热线按蛇形排列。小拱棚保温性差，温度变化快，但湿度相对稳定。

三、机械化（半机械化）配套设施与设备

1. 保护性设施

详见第二章描述。

2. 节能型加温苗床

节能型加温苗床用镀锌钢管作育苗床的支架，用质轻绝缘的聚苯板泡沫塑料作苗床铺设材料，采用电热线加热，并用珍珠岩等材料作导热介质，安装保温固定式苗床及灌溉等设备。集约化育苗的苗床设施，在承托材料上铺设珍珠岩等保温和绝热性能好的材料作填料，填料中铺设电热线，上面再铺设无纺布，电热线由独立的组合式控温仪控温。这种节能型苗床可节省加温成本，保证育苗时的热量和温度要求，创造更适宜于幼苗根系生长的环境条件。

3. 育苗基质消毒设备

基质化学消毒法常用的药剂有 40% 甲醛、高锰酸钾和石灰氮等，但容易污染环境。物理消毒法是一项环保消毒技术，主要指太阳能加热消毒法、蒸汽消毒法和热水消毒法等。嫁接育苗多采用循环用基质，所以基质应置于特定的容器中消毒，适宜采用蒸汽消毒。蒸汽消毒设备包括蒸汽锅炉和基质消毒槽等，基本方法是，先将待消毒基质投入基质消毒槽中，基质消毒槽底部开有均匀分布的通气孔，与下面的蒸汽分配室相通。当蒸汽锅炉产生蒸汽后，通过送汽管将产生的高温蒸汽通入蒸汽分配室，然后经通气孔对基质进行加热消毒。

4. 基质搅拌机

穴盘育苗基质通常由 2~3 种材料配制而成，各种基质材料在容重、粒径、持水能力、透气性、电导率、阳离子交换能力和 pH 值方面均有差异。育苗基质搅拌是穴盘育苗作业中的一个重要环节，目的是使各种具有不同特性的基质材料均匀地混合在一起，混合是否均匀直接影响基质填充和播种作业质量及后期秧苗的生长发育。

5. 精量播种生产线

目前，蔬菜集约化育苗播种作业，普遍采用播种生产线来完成，播种生产线一般由穴盘供给装置、基质填充装置、基质镇压装置精量播种装置、覆土装置及喷水装置等组成，其中，精量播种装置是播种生产线的核心。

（1）育苗穴盘供给装置　将育苗穴盘重叠装载到穴盘供给装置上，机器自动按照设定的速度，把育苗穴盘一盘一盘地放到传送带上，传送带将穴盘送入下一步工序，进行基质填充作业。

（2）基质填充装置　育苗穴盘被传送到基质填充装置下方，打开穴盘上方基质箱的控制开关，搅拌均匀的基质在振动器的作用下自动振落下来，均匀地填满每个穴，随后，刮土板将多余的基质从穴盘上刮掉。

（3）镇压装置（压穴机）　装满基质的穴盘，在送往精量播种器之前进行镇压压穴。压穴时深度可根据不同蔬菜种类和种子的大小进行调整，确保压穴的深度一致，压穴最深处位于穴格的中央位置。压穴质量关系到播种深度的一致性，与种子戴帽出土、整齐度有直接关系。镇压装置一般有圆筒式和平板式 2 种结构，圆筒式镇压装置，是在圆筒表面径向和轴向布置镇压脚，每排镇压脚的数量与穴盘短边穴数相同，通过旋转转轮将行进中穴盘内的基质压实，且在穴内压出浅坑，播种时种子落入浅坑中；平板式镇压装置，在平板表面布置镇压脚，镇压脚的数量与穴盘穴数相同，且与穴盘孔数对应，通过平板上下往复运动完成基质的镇压作业。

（4）精量播种装置　精量播种是蔬菜集约化育苗的关键环节，

精量播种装置是蔬菜育苗系统的核心装置。根据播种器工作原理播种机分为机械式、气吸式和人工播种式。机械式穴盘播种机有孔盘式和孔轮式等，对种子外形要求较高，播种前要对种子进行分级精选或丸化处理。气吸式播种机利用气流的吸附力或压附力，将种子从种堆中捡拾出来，实现单粒或双粒精量播种，对种子类型适应性强，不伤种，可以高速作业。国内外蔬菜集约化育苗生产广泛采用气吸式播种装置，气吸式播种机可分为针式、滚筒式和平板式。

（5）覆土装置　完成穴盘播种之后，覆土装置将贮存在料箱内的基质（一般为蛭石）薄薄地覆盖在穴盘上面，为种子遮挡阳光、保持水分，利于幼苗生长。

（6）喷水装置　分为固定式喷水装置和移动式喷水装置两种。覆盖好基质的育苗穴盘被送到喷水装置下，移动式喷水是按照设定的水量，在穴盘行进过程中将水均匀地喷淋到穴盘穴内基质上；固定式喷水是当育苗穴盘行至喷水装置下方时，穴盘稍作停留，然后喷水装置将整个穴盘穴内基质一次浇足水。

6. 催芽室

蔬菜集约化育苗生产中，为提高种子发芽的整齐度需要进行催芽，种子催芽在催芽室中进行。催芽室是为种子萌发创造良好环境的一个可控措施，一般来说，在保证种子质量的前提下，其种子萌发率的高低主要取决于环境条件。利用催芽室能够很好地控制温度、湿度和光照条件，满足种子萌发对环境的要求，提高发芽率和壮苗率。催芽室的优点是种子萌发率高、速度快、均匀度好、占用空间小，同时催芽室催芽不需要为控制适合的温度、湿度投入过多的精力，并且能够在催芽完成时将穴盘迅速从催芽室转移到育苗室。

催芽室多以密闭性能、保温隔热性能良好的材料建造，常用材料为彩钢板，也可建双层砖墙式催芽室，砖墙中间空心或填充无机隔热材料。催芽室的顶部宜为尖顶斜面，避免水分在顶部凝结后滴在苗盘上。催芽室技术指标温湿度可控制和调节，空气相对湿度保持在75%~90%，温度保持在20~35℃，气流均匀度保持在95%以上。主要由加温系统、加湿系统、风机及新风回风系统、补光系统以及微电脑自动控制器等设备构成。

蔬菜种子催芽以控制种子“顶土”5%左右时移出催芽室为最佳。

7. 蔬菜嫁接机

蔬菜嫁接机根据嫁接方法的不同分为贴接式嫁接机、靠接式嫁接机和插接式嫁接机；根据嫁接机自动化程度不同分为全自动嫁接机、半自动嫁接机和手动嫁接机；根据尺寸大小不同分为大型嫁接机、中型嫁接机和小型嫁接机。嫁接机的性能评价指标包括嫁接生产能力、嫁接成功率、嫁接成活率和成苗率。

8. 嫁接苗愈合设备

嫁接苗愈合设备是指嫁接苗人工气候愈合室，主要为刚完成嫁接的蔬菜苗提供一个适宜的人工环境，促进嫁接苗的愈伤组织生长成活，提高嫁接苗的成活率。

9. 加温设备

（1）大气源制热供暖系统　大气源制热机组利用空气作为辅助能源，超导瓷超导砂导热，超低温启动技术保证-60℃正常启动和使用，可直接对接集中供暖、供热管道，通过散热器片、风机盘管、地暖盘管、风幕机等释放、散发出热量，达到供暖供热的效果。在环境密闭、保温效果好、房间高度不超过3m的前提下，平均耗电量每天每平方米0.2kW·h。大气源制热机组的特点是超低温启动，超级节能，环保，节省占地面积。

（2）红外线加温设备　红外线可使温室温度迅速升高，用于温室加温的设备主要为陶瓷红外线加热器。由于叶片及土壤的温度比周围空气的温度高，所以采用此方式有利于降低葡萄孢菌病和霉菌病等叶部病害的发生率。红外线加温燃烧效率高，用电量低，一般作为临时辅助采暖，目前这种方式在我国还很少采用。

10. 降温设备

（1）通风窗　连栋温室通风窗由顶开通风窗、侧墙通风窗或侧墙卷膜通风窗等组成，依靠自然风力或室内外温差进行通风。为了保证夏季育苗对温度的要求，配置排风机进行强制性通风，可以显著提高通风效果。通风时要关闭顶开窗，由风机相对应的一侧窗口进风，以保证温室内空气流通顺畅均匀。但在室外温度很高时，这种强制通风方式也无法满足幼苗对降温的需求。

（2）遮阳系统　不同季节应配备遮光率不同的遮阳网，强光季节宜配备遮光率为60%~75%的高遮光率遮阳网，弱光季节可配备遮光率为40%~50%的遮阳网。遮阳网按安装位置的不同可分为外置式和内置式2种，外置式遮阳网通过支架安装在育苗室外部，与育苗室不接触，可实现较好遮光的同时，具有较好的降温效果。内置式遮阳网安装在育苗室内，通过钢丝或其他方式进行悬挂。内置式遮阳网一般能实现遮阴效果，但降温效果差一些。

（3）湿帘　又名水帘、水幕，呈蜂窝结构。即在温室的一侧墙上安装高分子水帘纸湿帘，水在湿帘上循环，湿帘对面墙上安装排风机。空气进入湿帘后被冷却进入温室，通过温室育苗区被排风机排出室外。降温效果受外界空气温度和湿度影响，降温能力还取决于通风路径的长度、排风机功率、湿帘表面积和气流速度，运行费用相对较高。日光温室安装水帘风机降温，通风方向应由南北改为东西。目前普遍使用湿强瓦楞纸蒸发湿帘，常用厚度有100mm、120mm、150mm等。

（4）排风机　湿帘风机系统一般使用大直径轴流式排风机，这种风机通风流量大，噪声小，运行平稳，消耗动力小。风机的台数和规格要根据温室通风总流量确定。风机外侧应有百叶窗，防止停机时空气倒流或害虫和污物侵入，风机内侧应使用防护罩，防止人体和杂物接触运动部件。

（5）屋顶喷淋系统　温室中的屋顶喷淋系统并不是作为灌溉使用，而是通过喷淋系统将水喷洒在温室外的屋顶降低温室内空气温度，或冲洗屋顶灰尘提高温室透光率。屋顶喷淋系统中的灌水器可选择屋顶喷淋专用喷头，也可采用大田喷灌用的喷头替代。喷淋系统的管道和喷头多安装在温室外的天沟处。

（6）雾喷降温系统 在炎热夏季的白天，自然通风达不到降温效果要求时，采用室内喷雾和在温室一侧安装引风机强制通风降温，可达到湿帘的降温效果，而且温度也比较均匀，使用寿命比湿帘长。

（7）地下水循环降温系统 地下水温度为9~12℃，在暖气管道上安装地下水循环切换装置，冬季锅炉加热，夏季用地下水降温。利用地下凉水通过表冷器循环流动，加引风机，可达到降低夜间温度的效果，同时还不增加温室内空气湿度。另外，地下水循环中央空调设备可充分利用地下水资源，加上升降温机组，既可降温、加温，又环保节能。但成本较高。

11. 灌溉设备

连栋温室育苗适合安装自动微喷灌系统，自动喷灌系统包括固定式喷灌系统和移动式喷灌系统两大类。

（1）固定式喷灌系统 是安装在苗床上部的固定喷灌管线系统。管线上的喷水嘴是通用的标准产品，其管路间距和水嘴间距的设置取决于供水压力、喷洒面积和喷水水滴大小的要求。电磁阀和控制器是该系统不可缺少的部件。

（2）移动式喷灌系统 主要是指移动喷灌机，又称航喷车，由专业生产厂商制造。安装在温室顶棚下部桁架的轨道上，电力驱动，可计算机控制。最大优点是浇水和施肥均匀，其次是有利于节约用水，比人工浇水节省40%。因为省去人工浇水的通道，所以还扩大了温室的使用面积，而且效率高，适合规模化育苗企业使用。

12. 施肥设备

微灌技术在温室中的应用，给施肥技术带来极大的变化。是通过施肥装置向系统的压力管道内注入可溶性肥料或农药溶液的施肥方式。蔬菜穴盘育苗在没有自动灌溉系统的条件下，可人工将营养液浇入基质。配有自动灌溉的系统中一般都配备施肥罐，将营养液加入施肥罐中随水流施入基质。肥料配比机的种类很多，使用较多的是水流动力式肥料配比机，其原理是因水流而产生真空吸力作用，以达到需要的肥料浓度。利用微灌系统进行施肥施药，可迅速完成大面积的工作，不仅灌溉施肥分布均匀，而且省时省力，安全可靠，还可避免浪费。

13. 排水系统

现代化育苗室地面为波浪形，建有集水池和排水沟，灌溉后洒在地面的水和由苗盘下渗的多余水分可及时排走，有利于育苗室环境条件的稳定和调控。简易的排水系统是对地表管理通道进行硬化，并铺无纺布，将灌溉余水通过下渗作用排出。低温季节硬化地面在阳光下升温较土壤快，有利于提高育苗室内的温度，特殊高温季节，可通过向育苗室地面洒水进行降温，降温时需要将剩余的水分及时排走。地面硬化处理后，提高了育苗室环境调控能力。

14. 增施二氧化碳设备

大型温室一般采用组合式二氧化碳控制系统来准确控制室内二氧化碳浓度，是目前最为精确的控制方式。控制系统由二氧化碳传感器、发生器、二氧化碳控制器和控制风机的温湿度传感器组成。通过二氧化碳传感器测量室内二氧化碳浓度，并将数值传递到二氧化碳控制器中，控制器根据二氧化碳的浓度控制二氧化碳发生器的工作。当温湿度传感器控制风机开启通风时，与之相连的二氧化碳控制器将停止二氧化碳发生器的工作，避免气源浪费。

15. 补光设备

(1) 光伏发电系统　采用在大棚南面第一排铺设太阳能电池的形式（或在温室棚顶天窗上安装太阳能电池板），装机容量 64kW，预计年平均每天发电量为 200kW·h，每年节约燃煤 1 000kg 和减排二氧化碳 1 200m^3。发电方式有用户侧并网、市电互补型和自发自用型。

(2) 植物补光灯　植物补光灯是依照植物生长的自然规律，根据植物利用太阳光进行光合作用的原理，使用灯光代替太阳光来提供植物生长发育所需光源的一种灯具。育苗室采用大型的专业补光灯具，可使幼苗加速生长，生产中常用红蓝植物 LED 灯。

16. 温室环境控制室

蔬菜集约化育苗过程中对温度、光照、营养液、灌溉实行有效的监控和调节，是保证种苗质量的关键。育苗温室的环境控制由传感器、计算机、电源、配电柜和检测控制软件等组成，对加温、保温、降温排湿、补光和微灌系统实施准确而有效的控制。控制室一般具有育苗环境控制和决策、数据采集处理、图像分析与处理等功能。

四、营养液配方

营养液配方是根据作物正常生长发育获得一定产量所需要各种营养元素的量配制成不同浓度，经过栽培试验筛选出来的最佳配方。营养液配比和浓度可以根据作物需求达到最优化和精准调控，从而创造最适于幼苗生长的环境条件，做到了育苗环节的工厂化、节水、节肥，提高了育苗的整齐度和健壮度。集约化育苗过程中，通过营养液来补充秧苗所需营养元素，同一作物不同生育期的所需要的营养液配方不同。

常见的栽培成株的营养液配方有两种，果蔬集约化育苗用的营养液，从成分、配方以及配置技术等方面均与栽培成株的要求基本相同，浓度应为栽培成株的1/3或者1/2。

主要果蔬育苗营养液配方如下。

叶菜类：氮140~200mg/kg，磷70~120mg/kg，钾140~180mg/kg；

茄果类前期：氮140~200mg/kg，磷90~100mg/kg，钾200~270mg/kg；

茄果类后期：氮150~200mg/kg，磷50~70mg/kg，钾160~200mg/kg。

氮磷钾复合肥溶液：0.1%~0.3%。

第七章　设施果蔬栽培技术

第一节　西瓜栽培技术

西瓜源自非洲，经西域传入我国，因此称之为“西瓜”，在分类学上属于葫芦科西瓜属。西瓜果实为一年生瓠果，甘甜多汁，富含多种维生素、矿物质，且清热解暑，为夏季主要消费水果。

西瓜是世界五大水果之一，世界西瓜产量高居水果类次席，其总产量仅少于香蕉。我国自 20 世纪 80 年代以来，西瓜产量稳居世界第一，人均占有量也已超过了世界人均西瓜占有量的 3 倍。西瓜的经济产值已经超过棉麻药材等传统经济作物，在种植业产值中的比例越来越高，逐渐成为农民实现快速增收的高效园艺作物。

河南省是我国最大的西瓜产区之一，主要是露地和小拱棚栽培，近年来，随着生产力水平和家庭结构的改变，设施栽培小果型西瓜以其适宜小家庭的果型和皮薄、糖分高、瓜瓤细腻等优势在河南省发展较快，经济效益显著。

一、生物学特性

西瓜植株由根、茎、叶、花、果实、种子等六部分组成。

1. 根系

西瓜根系发达，耐旱，但木栓化较早，再生力差。且西瓜根系好氧，忌黏重土壤或积水。

2. 茎

蔓性，幼苗茎直立，节间短缩，4~5 节后节间伸长匍匐生长。蔓长因品种和栽培条件而异，节间一般长 10cm 左右。分枝性强，尤其是基部 3~5 节侧枝出现早，长势壮。另外，也有短蔓类型、无杈类型的西瓜。

3. 叶片

深裂（个别品种为全缘叶），表面有蜡质和茸毛，耐空气干燥。裂片大小和宽窄是区别品种和杂交一代的重要特征。一般叶柄长小于叶片，但肥水过大，光照弱，徒长时叶柄长大于叶片。

4. 花

单性腋生，异花同株。性型分化具可塑性。雄花始花节位 3~5 节，雌花始花节位 5~11 节，雌花间隔 5~7 节，雌花节位受环境条件影响。雌雄花比例：孙蔓（27%）>子蔓>主蔓（4%），但主蔓坐果单果重最大。花瓣和花萼各 5 片，花冠黄色。子房下位，虫媒花，清晨开放，下午闭合，半日花。

5. 果实

形状圆或椭圆。皮色有白、绿、黑、黄、花皮等。肉色白、黄、红或粉色。肉质分为紧肉和沙瓤。可溶性固形物含量 8%~12%。单果重一般为 1~2kg、2~5kg 或 10~15kg。

6. 种子

小粒种子千粒重一般为 40g 以下，中粒种子一般为 40~80g，大粒种子一般为 80g 以上。常温贮存可达 2~3 年，低温干燥可延长至 8~10 年。无籽西瓜种皮厚不易发芽，需特殊处理。

二、分类

1. 按生态类型

西瓜分为华北生态型、东亚生态型、新疆生态型、美国生态型和俄罗斯生态型等 5 个生态型。

（1）华北生态型　喜温暖半干旱气候，长势强或中，果型大或中。

（2）东亚生态型　适应湿热气候，长势较弱，果实小或中。

（3）新疆生态型　适应干旱气候，长势强，晚熟，大型果。

（4）美国生态型　适应干旱沙漠草原气候，长势较强，晚熟，大果。

（5）俄罗斯生态型　适应干旱少雨地区，长势旺，多为中、晚熟。

2. 按熟性分

可分为早熟品种、中熟品种和晚熟品种。

（1）早熟品种　第一雌花主5~7节，雌花开到成熟28~30d。

（2）中熟品种　第一雌花主7~10节，雌花开到成熟35~40d。

（3）晚熟品种　第一雌花主11节以上，雌花开到成熟40d以上。

3. 按瓜皮颜色分

分为白皮西瓜、绿皮西瓜、花皮西瓜、黑皮西瓜和黄皮西瓜。

4. 按果肉颜色分

分为红瓤西瓜、黄瓤西瓜、白瓤西瓜。

5. 按食用性分

分为普通鲜食品种、籽用品种和饲用品种。

三、栽培品种

华北平原地区设施栽培中常见的西瓜品种如下。

1. 大果型西瓜

（1）8424　早熟品种，开花至果实成熟需要28~45d，生长势中等，坐果性好。果实圆形，外形美观，红瓤，质脆口感极佳，中心含糖量11%~13%。平均单瓜重3~4kg，耐贮运。

（2）4K　果实椭圆形，表皮黄绿底，深绿宽条带，果肉大红色，剖面好，皮薄、脆嫩多汁。中心可溶性固形物含量达16%，口感极佳。生长势中强，抗病性中强，易坐果，果皮硬韧，耐贮运性好。

2. 小果型西瓜

（1）美丽瓜之宝　植株稳健，易坐瓜，圆或近高圆形，耐裂，皮色墨绿，有深色细条带，瓤色红润晶亮，味甜并有清香，中心可溶性固形物含量高达 14.2%，单瓜 1.5kg 左右。该品种另一突出特点是多果性好，在中牟、洛阳郊区、扶沟等地小拱棚地膜种植，每株都是结一窝瓜（每株结 1kg 以上瓜 5~6 个，并且大小均匀）。

（2）京秀　早熟小型西瓜品种，整个生育期在 90d 左右，果皮绿色，果实椭圆形，周正美观。果肉红色，肉质脆嫩，含糖量高，平均在 13%以上，其单果重 1.5~2kg。

（3）墨童　小果型无籽西瓜品种。果实发育期为 28~35d。果实圆球形，果皮黑绿有隐条纹，表面有蜡粉，外形独特美观，平均单果重 2~2.5kg。瓤色鲜红，纤维少，汁多味甜，质细爽口，中心可溶性固形物含量为 11%~12%。耐贮运。

在实际生产中，小果型西瓜设施栽培逐渐占据主要地位。小果型西瓜亦称袖珍小西瓜、礼品西瓜。适合设施栽培的小果型西瓜品种应该具备耐低温、耐高湿、耐弱光、抗病、早熟等特点。种植户应根据设施条件和当地气候和市场需求等方面综合考虑主栽品种：果实外表美观好看，一般单果重 1.5~2.5kg，可选择艳丽的绿花皮或深绿皮品种；品质好，应选择皮薄、质脆、可溶性固形物含量高、口味纯正的优质品种；易坐果，需选择对环境适应性强、耐低温、耐弱光、抗病性强、不易裂瓜、生长健壮的品种。

四、栽培模式茬口安排

西瓜忌连作，也不宜与其他瓜类接茬，主要是防止土传病害，特别是枯萎病的发生。前茬以秋白菜、玉米、萝卜、马铃薯等比较好，后茬一般选大蒜、小麦、大白菜、萝卜等。

华北平原地区设施栽培西瓜基本可分为冬春茬和秋茬，温室栽培可提前大棚半个月左右开始定植。温室以冬播春末夏初收为主，一般 12 月下旬至翌年 1 月下旬播种，2 月上旬至 3 月上旬定植，4 月中下旬至5月上中旬采收；夏播秋收的反季节栽培，一般6月下旬至7月上旬播种，7月上旬至下旬定植，9月中旬至10月上旬采收。

五、育苗技术

1. 育苗方式

在西瓜设施栽培中通常进行嫁接育苗，能减少枯萎病的发生，同时，由于砧木的根系比西瓜自根的根系发达，吸收肥水能力强，增强耐低温、弱光和抗病能力，从而提高设施栽培的产量。嫁接前1d，对幼苗喷洒70%甲基硫菌灵1 000倍液或50%多菌灵800倍液进行消毒处理，并准备好用开水烫过的嫁接夹和剃须刀片。嫁接育苗的具体方法、嫁接苗的管理及注意事项等详情见第六章第三节“嫁接育苗技术”。

2. 种子处理

（1）种子消毒　①高温烫种，将选好的种子倒入开水中，迅速搅拌3~5s，立即倒入适量冷水，使水温下降，并不断搅拌，待水温降为30℃左右时在室温下浸种3~4h。注意不能烫得时间太长，以免影响种子发芽率。②药剂消毒，将西瓜种子浸入药液中一定时间，是最有效的种子消毒方法之一。常用药剂有磷酸三钠、代森铵、漂白粉、多菌灵等。浸泡30min左右即可取出用清水洗净。③强光晒种，在春季晴朗无风的天气，将种子摊在凉席或者纸张等物体上，使其在阳光下暴晒，每隔2h左右翻动1次，使其受光均匀。阳光中的紫外线和较高的温度，对种子上的病菌有一定的杀伤作用。晒种还可以促进种子的后熟，增强种子的活力。

（2）浸种　为了加快种子的吸水速度，缩短发芽和出苗时间，需对西瓜种子进行浸种处理，浸种的时间因水温、种子大小、种皮厚度而异。①冷水浸种，用室温下的冷水浸种6~10h每隔3h搅拌1次。②温汤浸种，是常用的浸种方法。将种子放入55℃温水浸种，放入后要不断搅拌，水温降到30℃停止搅拌，保温浸泡3~5h，然后洗去种皮上黏液。

（3）催芽　西瓜种子常用的催芽方法主要有以下几种：恒温箱催芽法、电灯催芽法、暖水瓶催芽法和火炕催芽法。其中，恒温箱催芽法最为安全可靠，在科研上或生产上最为常用。催芽的注意事项：第一是尽量保持恒温，最高温度不能超过33℃，勤观察并及时调整，发现问题及时解决。第二是种子出芽长度以露白为宜，不要大于3mm，因芽过长容易折伤。必要时可将已出芽的种子挑选出来，用湿布包好放在15℃条件下，待种子全部出齐芽后一起播种。第三是催芽时要使全部种子均匀受热，避免局部长时间高温产生发酵，出现种子烂芽现象。

3. 播种

西瓜育苗多采用点播的方法，一般每穴中播2粒或每穴播1粒有芽和1粒无芽种子。育苗容器有营养钵、穴盘或者在播种处开穴播种，将种子放入容器中，再覆一层营养土，浇透水。将营养钵或穴盘平整放在育苗床上，及时盖上塑料薄膜，以保温保湿。配比合适的营养土，有机质含量高，养分全，具有良好的土壤生态环境，可使幼苗根系发达，增强其吸水、吸肥能力。营养土配方参考第六章第二节中基质的选择和配比部分。

4. 苗期管理

苗期管理技术参考第六章第一节中苗期管理部分。

六、定植及栽培管理技术

1. 定植前准备

主要是整地施肥。利用农用机械或人工间隔1.25m起垄备用。整平土地，每亩施入鸡粪和麦秸混合沤制的有机肥3~5t，花生饼20kg，三元复合肥50kg，垄下沟施。切忌施用含氯肥料。整地后翻耱耙匀，浇足底水。栽培行做成高20cm的龟背形高畦。高畦要覆盖地膜，为防止土壤和空气湿度过大，建议采用滴灌并全田地膜覆盖。

2. 定植

当嫁接后的西瓜苗长至3叶1心，10~12cm高，温室内10cm

地温稳定在 15℃以上时，选择晴天午后定植，避免植株萎蔫。浇水后及时覆盖地膜保墒保温，早春设施栽培要在地膜外扣小拱棚并覆膜。

3. 定植后管理

（1）温度管理　西瓜性喜高温强光，在温度高、光照好的条件下同化作用最强，维持时间越长，西瓜的生长越好、产量也越高。对于定植之后的西瓜植株来说，应保证设施内白天温度为 27~30℃，夜间温度在 14℃以上。只有这样，才能避免西瓜植株在生长过程中受到冷空气的侵袭，进一步提升西瓜植株生长的稳定性。

（2）水肥管理　大棚栽培中空气相对湿度一般随着棚温的升高而降低，随着棚温的降低而升高。棚内土壤水分的大量蒸发和西瓜叶片蒸腾出来的水分会增加棚内的水蒸气。可通过浇水、通风和调温等措施来调节棚内的温度。

设施栽培比露地栽培保湿效果好，不宜多浇水。若遇到阴雨连绵的天气要适当浇水，以免出现棚外下雨棚内旱的现象。具体灌溉时期遵循以下原则：定植后浇一次缓苗水，量不宜太大。直至幼苗期、伸蔓期小水勤浇，见干见湿，防止徒长。花期尽量不浇水，促进开花坐果。

幼苗期和坐瓜后追肥两次，结合灌水亩施尿素、硫酸钾、过磷酸钙各 20kg。当西瓜基本定型后叶面喷施一次 0.2%的磷酸二氢钾溶液。随后的追肥根据西瓜长势而定。

（3）植株管理　①整枝绑蔓，设施栽培中多采用吊蔓栽培方式。整枝时普遍采用双蔓整枝，选留 1 主蔓 1 侧蔓，其余侧蔓全部去掉。在每株瓜苗的上方将塑料绳吊在钢丝骨架上，引导瓜蔓沿着塑料绳向上生长。当瓜蔓长到 60~70cm 时，开始绑蔓，同时进行整枝。每株选留 2 条健壮的瓜蔓（主蔓和基部一条健壮的侧蔓）上架，其余侧蔓全部剪除。注意要点：一是绑蔓不要绑得太紧，以免影响植株生长；二是随着瓜蔓的生长，所留蔓的侧枝都要及时剪除。②授粉，西瓜是雌雄异花植物，设施内由于昆虫较少，棚内无风，可以放置蜜蜂、熊蜂等辅助授粉，或者进行人工授粉，并要做好标记，以便计算采收时间。人工授粉的最佳时间是7—10时，摘下当天开放的雄花，去掉花瓣或后翻花瓣使雄蕊露出，然后用雄花花药在雌花柱头上轻轻涂抹，使花粉均匀地黏附在柱头上，动作要小心，不可碰伤柱头。③留瓜，在幼果鸡蛋大小开始褪毛时选瓜，一般在主蔓上第二或第三雌花节位选留一个瓜，多余的小侧蔓和幼瓜要及时摘除。西瓜坐果后，在主蔓上果前面留10~12片叶进行打顶，以控制主蔓徒长，集中养分促使西瓜果实膨大。当幼瓜长到0.5kg左右时，就要开始吊瓜。吊瓜宜在下午进行，用尼龙绳吊住果柄或用网兜兜住果实，吊在钢丝绳上。

如需留两茬果，则等到头茬果生长10~15d，果实迅速膨大期过后，可在健壮子蔓上留二茬瓜。

七、病虫害发生及防治

设施栽培西瓜容易发生的病虫害种类很多，首先要进行正确的诊断，其次根据不同的病虫为害症状或形态及发生规律，采用不同的防治方法。注意以预防为主，采用综合农业栽培措施加强防治。

细菌性病害主要有角斑病、果腐病。近年来，西瓜病毒病有发展趋势，已成为西瓜生产中的一种主要病害；真菌性病害主要有猝倒病、疫病、蔓枯病、白粉病、霜霉病、炭疽病、枯萎病等。主要虫害有蚜虫、黄守瓜和温室白粉虱。

八、采收

1. 西瓜成熟度的判断

（1）目测法　观察瓜皮颜色变化，由鲜变混、由暗变亮，显出老熟状态。有些品种成熟时，都会显出其品种固有的皮色、网纹或条纹，有的还会出现棱起、挑筋、花痕处凹陷、瓜把处略有收缩、坐瓜节卷须枯萎1/2以上等。此外，瓜面茸毛消失，发出较强光泽等均可作为成熟度的参考。

(2) 标记法　每种品种的西瓜在同一环境下的成熟期都有一定的天数。依据人工授粉时的标记，参照该品种果实的发育期计日收瓜。

(3) 物理法　主要通过音感和比重判定。对于同一品种西瓜，一般当西瓜成熟时，敲瓜发出“嘭嘭”的声音，如果发出的声音“咚咚”则瓜尚未成熟，如果声音闷哑或者发出“嗡嗡”声，则表明瓜已过熟。此外，西瓜成熟后，细胞密度通常下降。同品种同体积的西瓜，不熟的比成熟的重，熟过度（倒瓤）的比成熟的轻。

2. 采收方法

采收可在无雨的清晨或傍晚进行，要轻拿轻放以防止碰裂果实。采收时用剪刀将果柄剪下，贮放于阴凉处。西瓜达到采收标准，如遇连阴雨而来不及采收时，可将整个植株从土壤里拔起放置在设施内，等天晴再将西瓜割下，否则西瓜因含水量过大而引起崩裂。采收后的西瓜加贴标签，套上网袋，封好待运。

第二节　甜瓜栽培技术

甜瓜是葫芦科甜瓜属一年生蔓性草本植物，包括薄皮甜瓜和厚皮甜瓜 2 个亚种，世界各地广泛栽培。甜瓜果实香甜，富含糖、淀粉，还有少量蛋白质、矿物质及其他维生素。以鲜食为主，也可制作果干、果脯、果汁、果酱及腌渍品等，属高档瓜果之一，深受消费者喜爱。随着我国设施栽培技术的发展，甜瓜生产区域迅速扩大，已发展成高效、精品农业的首选作物品种之一。

一、生物学特性

甜瓜植株由根、茎、叶、花、果实、种子等六部分组成。

1. 根系

甜瓜根系发达，直根系，其中，厚皮甜瓜比薄皮甜瓜发达，更耐旱耐贫瘠，但木栓化较早，再生力差，不耐移栽，育苗时应采取保护措施。

2. 茎

蔓性，分枝性强，卷须，侧枝生长旺盛，每节叶腋处均可着生侧芽，需整枝。

3. 叶片

单叶互生，近圆形或肾形，厚皮甜瓜叶大而色浅，薄皮甜瓜叶小，叶色深绿。

4. 花

花腋生，单性或两性，虫媒花。雄花单生或簇生，雌花花柱短，子房下位。自花授粉、异花授粉皆可，但花粉粒沉重、黏滞，必须借助昆虫授粉或人工授粉。半日花。

5. 果实

果实由受精后的子房发育而成。有圆球、椭圆球、纺锤、长筒等形状，成熟的果皮有白、绿、黄、褐色或附有各色条纹和斑点。果表光滑或具网纹、裂纹、棱沟。果肉有白、橘红、绿黄等色，具香气。

6. 种子

种子披针形或扁圆形，大小各异。种皮薄，表面光滑。厚皮甜瓜千粒重 25~80g，薄皮甜瓜千粒重 5~20g。

二、分类

甜瓜主栽品种依据果皮厚度可分为薄皮甜瓜和厚皮甜瓜。

1. 薄皮甜瓜

生长势弱，植株较小，单果重 500g 左右。果皮薄，平均厚度不到 0.5mm，可以带皮食用，适应性强，抗病性强，不耐贮藏。

2. 厚皮甜瓜

生长势强，果实较大，单果重 1~5kg，果皮较厚而硬，一般皮厚 1~3mm，果皮光滑或有网纹，果肉质地松脆，有浓郁的芳香味，含糖量 11%~17%，口感甜蜜，商品性高，为设施内主要栽培的类型，代表品种有西州蜜、白兰瓜、早黄蜜等。

三、栽培品种

1. 薄皮甜瓜

薄皮甜瓜以露地栽培为主。代表品种有青州一号、龙甜1号、齐甜1号等。

2. 厚皮甜瓜

设施内主要栽培的品种如下。

(1) 西州蜜　西州蜜瓜在我国新疆和海南广泛种植。果实表皮深绿、淡绿或微黄，网纹深浅不一，果肉质厚，甜度高，肉厚细质，香甜清脆，水分足，皮薄，甜度和脆度高于一般蜜瓜，果肉厚质，中心橘红，非常适合鲜食。

(2) 白兰瓜　白兰瓜原产美国，瓜圆球形，瓜皮光滑，成熟时变为白色，瓜肉厚3~4cm，肉质坚硬。有清香味，可溶性固形物含量达12%，该品种中晚熟，品质好，适于大棚、温室栽培。

(3) 早黄蜜（新密19号）　早熟品种。平均单瓜重2kg，果实短椭圆形，成熟后果皮橘黄色，果肉白色，肉质细脆，中心可溶性固形物含量达15%。该品种抗病性好，特别是抗叶部病害。

四、栽培模式茬口安排

设施栽培厚皮甜瓜要避开影响果实含糖量的不利自然因素，安排适宜的栽培季节茬次。

华北平原地区设施栽培甜瓜基本可分为早春茬和秋冬茬，温室栽培可提前大棚半个月左右开始定植。早春茬采用早熟厚皮甜瓜品种，自1月下旬至2月下旬播种，苗龄期35d左右。秋冬茬选用中熟或者中晚熟耐贮存性强的优良厚皮甜瓜品种，于7月下旬至8月下旬播种，收获期为10月上旬至11月下旬。

五、育苗技术

1. 种子处理

(1) 选种和晾晒 市场流通的种子，纯度、净度都达不到百分之百，打开种子包装袋后，把一些杂色、畸形的种子尽量挑选干净，铁盒装的种子在播种前10d将盒打开，以利于保持种子的发芽率，浸种前2~3d要将种子经过阳光照射后，打破休眠状态，有利于苗齐、苗壮。

(2) 浸种 晾晒好的种子在催芽前先用55℃左右的热水浸种6~8min，边倒水边搅拌，注意水温不可过高，以免炸裂种壳影响发芽率。水温自然冷却后再浸种4~6h，种子浸后捞出洗净黏液，再倒入3~4倍量种子的药剂中进行药剂浸种。常用的药剂有以下几种，可任选一种，例如0.1%浓度的高锰酸钾浸泡2~4h；或20%抗枯灵600~700倍液浸泡2~4h；或70%甲基硫菌灵500倍液，或50%多菌灵1 000倍液浸泡30~40min。药剂浸泡时要经常翻动搅拌种子，使种子吸药均匀。

(3) 催芽 将药液浸泡的种子用清水清洗一遍，用毛巾裹好外面套上塑料袋，恒温箱催芽，要求温度28~30℃，时间14~16h，60%的种子出芽就可播种，播种前降至13~20℃以防温度上升。

2. 播种

常采用营养钵或者穴盘育苗。1穴1粒，将种子放入容器中，再覆一层营养土，浇透水。将营养钵或穴盘平整放在育苗床上。

(1) 营养土的配置 为了培养壮苗，使幼苗根系发达，增强吸水、吸肥能力，一定要配置营养土育苗，这里提供一个参考配方：3年以上未种过瓜菜、肥沃、土质疏松、未使用过长残效除草剂的大田表土6份，充分腐熟的鸡粪或充分腐熟的农家肥4份，再加入细炉灰拌匀。每立方米用甲基硫菌灵50g，一般不使用化肥以防烧苗，搅拌均匀后装入塑料袋营养钵或育苗盘。注意田土应选前茬作物为玉米、谷子、大葱、大蒜等，不宜选用大豆、马铃薯、棉花等作物的茬口。

营养钵一定在育苗床中放平，再浇透水，将催出芽的种子每钵点1~2粒种子，上覆1cm营养土。

（2）苗床地热线的铺设　每盘100m可供暖10m²，用时，铺苗床下20cm，畦两头插木桩，地热线20cm宽1条为宜，铺好后外接控制器控制温度。

（3）苗期管理　育苗期应注意温度和水分管理。甜瓜育苗一定注意防冻、防风、防日烤苗。①温度管理，从播种到出苗，以增温和保温为主，白天温度保持在30~35℃，夜间最好在20℃左右，不能低于13℃，尽可能缩短昼夜温差，温度适宜，一般在播种后3d即可出苗，幼苗50%出齐后揭掉薄膜，基本出齐后，要适当控制棚内温度，白天保持20~25℃，夜间保持15~18℃，幼苗刚出土调低温是为了有利蹲苗，防止徒长，当瓜苗露出真叶后，应适当提高棚内温度，以促苗生长，白天25~30℃，夜间10~17℃使大苗适应外界环境，栽后缓苗快。②水分管理，整个育苗期水分要严格控制，小苗不能浇大水，如发现干旱可适当补水。补水最好在中午进行，不要浇凉水，要浇20℃左右的温水，在补水过程中最好加入6 000倍液爱多收，能使小苗快生根。

六、定植及栽培管理技术

1. 定植

中原地区设施吊蔓栽培甜瓜以春茬为主。棚室气温稳定在12℃以上，土壤温度稳定在15℃以上方可定植。定植时间过早容易产生冷害，河南北部地区一般在3月中下旬，定植前5~7d盖好地膜，提高地温，定植时先用土钻按株距50cm左右在垄上打好穴，穴内可按比例施入预防枯萎病土壤杀菌剂药物和定植菌肥，然后将瓜苗置于定植穴内，每穴留瓜苗1株。瓜苗移栽后要浇定植水，浇定植水因墒情而定，浇水多地温低缓苗慢，一般正常缓苗需要7~8d。

2. 整蔓

主蔓、子蔓、孙蔓均可坐瓜，但在棚室早春栽培，瓜农为了抢早，苗期每日光照时间很难达到10~12h，加之气温低，白天很难达到25℃以上，因此对瓜雌花形成极为不利，常常出现雌花下移现象，即子蔓应出现的雌花下移到孙蔓上去甚至到孙蔓上去，为此必须严格整蔓。

苗期4~5片真叶定心，伸出4~5条子蔓，选其中3条做结瓜蔓，其他的摘除。子蔓在1~2片真叶坐的瓜最好摘去，留4~5片真叶部位作的瓜，这个部位结的瓜不但整齐，而且瓜大，很少有畸形瓜，商品性好。坐瓜后在前方留2~3片叶打尖，再出的孙蔓一律除掉，使其养分全部供给果实发育。如土质不肥或因灌不上水瓜秧发育不良，应保留1条孙蔓作营养蔓，以便多一些营养供给果实发育，孙蔓见瓜后再按上述子蔓管理。

每株秧以结2~3个瓜为好，最多不能超过5个。若结瓜过多则瓜小且不甜，早熟品种每个瓜应有6片功能叶，中熟品种7~8片功能叶制造营养才能满足所结瓜的营养要求。另外，必须及时防病，保持叶龄25~35d旺盛的光合作用。

3. 疏瓜

疏瓜时间应选择在大多数瓜胎长至核桃到鸡蛋大小时，进行1~2次疏瓜。根据植株的长势和单株上下瓜胎大小的排列顺序、瓜胎生长正常程度进行，疏掉畸形瓜、裂瓜及个头过大、过小的幼瓜。保留个头大小一致、瓜形周正的幼瓜。一般一株留1~2个瓜。疏瓜要在膨瓜肥水施用后、坐瓜稳定、植株没有徒长现象时进行，以防疏瓜后植株徒长，而导致化瓜，确保甜瓜的适宜上市期，并获得高效益。

4. 保果

早春吊蔓甜瓜栽培，一般开花坐果期很难满足其对环境条件的要求，坐瓜比较困难，设施栽培条件下昆虫难以进棚内传粉，更易出现化瓜。为此，对瓜胎必须采取激素（生长调节剂）处理的方法，具体保瓜措施如下。

（1）花前喷雾法　可采用高效坐瓜灵喷瓜胎，此激素为0.1%的吡效隆系列，一般每袋（5mL）加水1kg（参照说明书使用）。当第一个瓜胎开花前1d用小喷雾器从瓜胎顶部连花及瓜胎定向喷雾。注意最好用手掌挡住瓜柄及叶片，以防瓜柄变粗、叶片畸形。喷瓜胎时，一般一次性处理花前瓜胎2~3个（豆粒大小的瓜胎经处理均能坐住），这样一次性处理多个瓜胎，坐瓜齐，个头均匀一致。为防止重复处理瓜胎而出现裂瓜、苦瓜、畸形瓜现象，可在药液中加入含有色素的2.5%咯菌腈悬浮剂，这样既防止了早期灰霉的侵染又做了喷花标记。此法较简单，易操作。但是，如果瓜胎受药不均，易导致偏脸瓜的发生。

（2）*浸泡法* 也是采用0.1%的氯吡脲系列产品，采用与喷雾法相同的药液浓度，在同样的瓜胎生育期，将瓜胎垂直浸入配好的激素药液里，深度达到瓜胎的2/3即可。如果浸入过深，接近瓜柄，会导致瓜柄变粗，影响商品性。

（3）*喷花处理法* 这种方法就是在甜瓜开花后的当天或第2d，用小型喷雾器将药液直接喷向柱头上。喷花的时间要掌握在10时以前，或15时以后，在高温时间段处理，会因药液浓度过高引起裂瓜和苦味瓜的形成。常采用2,4-D浓度10~20mL/kg（参照说明书使用），为提高坐瓜率，最好根据棚温的高低，做好试验后再大面积应用。

5. *温度管理*

甜瓜是喜温作物，各生长时期需要的温度不同，一般生长最适宜温度为25~35℃，0℃时完全停止生长，7.4℃时会产生冻害，出现叶片失绿变色现象，可见在设施栽培中温度管理要灵活掌握，尤其前期管理很重要。

设施栽培甜瓜定植后至开花期前要采取高温管理的方法，即温度控制在35℃左右，高温管理的好，能加快小苗的生长速度，防止僵苗发生，减轻病害，枝叶发育快，为后期生长打下基础。另外，早春受气候影响，前期经常会出现一些寒流灾害性天气，昼夜温差变化大，所以要做好防寒保温措施。通常采取的办法是在地膜上再扣一层20~25cm高的小拱棚，夜间在大棚底部周围围一圈1.2~1.5m高的草帘子，叶面喷施磷酸二氢钾或者其他叶面肥抗逆增产，平均7~10d喷1次，以增加叶片对低温冷害的抵抗力，可根据天气预报在寒流到来前一天再喷1次效果更好。

6. 肥水管理

甜瓜整个生育期需肥量较大，除需要施足底肥外，还需进行追肥，磷钾肥能提高甜瓜品质，一般多施钾肥少施氮肥，过量的氮肥易使植株徒长，降低品质，减弱植株抗病能力。

抽蔓至开花坐果期，这个时期瓜秧生长快，吸收养分速度也快，只要肥料充足，就能使植株形成很大的营养面积，为丰产打下基础，是甜瓜吸收氮肥的高峰期，以后迅速下降，追肥应注意这一点。这个阶段一般每亩追施5kg左右硫酸铵，追肥可与浇窝水一起进行，另外还可以用一些叶面肥喷施。

追肥的第二关键时期在幼果至膨大期。即从瓜长到鸡蛋大小开始，这次追肥主要以磷钾肥为主。每亩用硫酸钾型复合肥20~30kg。

不同生育期甜瓜对水分的要求不同，因此管理方法不同。基本管理原则是，苗期至坐果期保持土壤最大持水量的70%（手抓土壤呈团，落到地面可散团），幼果至膨大期保持最大持水量80%~85%，果实进入成熟期则应保持最大持水量的60%~65%。如果前期水分过多则茎叶徒长，坐果期推迟，落花落果严重。在果实进入成熟期灌水多，降低果实含糖量，品质变差，浇水要重点抓住小果期和膨大期，供水一定要充足，每隔7~10d浇一次大水，浇水时最好在早晚进行。

7. 其他管理

（1）除草　可采用人工除草或药剂除草。药剂除草的做法是在盖地膜前进行，把除草剂喷在垄上即可。用除草剂一周后再栽苗，提前定植易产生药害，出现畸形瓜。

（2）通风换气　通风换气可以调节大棚温度和二氧化碳浓度。生长前期外界变化不定，以保温为主尽量少放风口，中后期外界气温较高，要注意放风，以调节棚内温湿度。甜瓜进入成熟期可适当加大昼夜温差，白天最好控制在30℃，晚上15~20℃，为增加昼夜温差，可采用夜间放风的方法。

七、病虫害发生及防治

设施栽培甜瓜容易发生的病虫害种类很多，首先要进行正确的诊断，根据不同的病虫为害症状及发生规律，采用不同的防治方法。注意以预防为主，采用绿色综合农业栽培措施加强防治。

设施栽培甜瓜病害分为细菌性病害、病毒病和真菌性病害。细菌性病害主要有叶斑病、软腐病；病毒病又称小叶病或花叶病，已成为甜瓜生产中的一种主要病害；真菌性病害主要有枯萎病、炭疽病、霜霉病、白粉病、蔓枯病、疫病、猝倒病等。

防治害虫坚持“农业防治为主、化学防治为辅”的植保方针，化学防治要选择高效、低毒、低残留的农药，生产无公害产品。主要虫害有蚜虫、温室白粉虱和黄守瓜。

八、采收

采收前 10d 控水，以不出现萎蔫为度，加大昼夜温差，提高品质。根据果实色泽和香味等变化及时采收。采摘要在天气良好的状况下实施，适宜在清晨温度低、无露水时采收，果柄剪成“T”字形。

第三节　黄瓜栽培技术

黄瓜原产于印度，在我国栽培历史悠久。黄瓜本身具有较高的美容价值和营养价值，是人们十分喜爱的蔬菜之一。黄瓜栽培的过程中很容易受到各种病虫害的影响，这不仅会大大降低黄瓜的产量，也会使得黄瓜的品质大幅降低。在设施栽培中对黄瓜品种的选择有较大要求，需根据不同地区已发生的病虫害选择相应的抗性品种，同时该品种生长势强、抗寒耐热、产量高为宜。

一、生物学特性

黄瓜植株由根、茎、叶、花、果实、种子六部分组成。

1. 根系

由主根、侧根、须根、不定根组成。黄瓜属浅根系，通常主根向地伸长，可延伸到1m深的土层中，但主要集中在30cm的土层。黄瓜根系好气性较强，抗旱力、吸肥力都比较弱，故在栽培中要求定植要浅，土壤要求肥沃疏松，并保持土壤湿润，干旱时注意灌水。

2. 茎

茎蔓生，中空，4棱或5棱，有刚毛。5~6节后开始伸长，不能直立生长。第3片真叶展开后，每一叶腋均产生卷须。茎的长度取决于类型、品种和栽培条件。早熟的春黄瓜类型茎较短，一般茎长1.5~3m，中、晚熟的半夏黄瓜和秋黄瓜类型茎较长，可长达5m。

3. 叶

分为子叶和真叶。子叶贮藏和制造的养分是秧苗早期主要营养来源。子叶大小、形状、颜色与环境条件有直接关系，在发芽期可以用来诊断苗床的温、光、水、气、肥等条件是否适宜。真叶为单叶互生，呈五角形，有刺毛，叶缘有缺刻。

4. 黄瓜

黄瓜基本上是雌雄同株异花，偶尔也出现两性花。虫媒花，品种间自然杂交率高达53%~76%，花萼绿色有刺毛，花冠为黄色，花萼与花冠均为钟状，5裂。雌花为合生雌蕊，在子房下位，一般有3个心室，也有4~5个心室的，侧膜胎座，花柱短，柱头3裂。黄瓜花着生于叶腋，一般雄花比雌花出现早。不同品种有差异，与外界条件也有密切关系。

5. 果实

黄瓜的果实为假果，由子房下陷于花托之中，并合并形成。果面平滑或有棱、瘤、刺。果形为筒形至长棒状。

6. 种子

黄瓜种子扁平，呈长椭圆形，黄白色。种子着生在种子腔旁侧胎座上。近果顶的种子发育早、成熟快，近果柄的则较迟。长果形品种的瓜仅近果顶的1/3部分才有饱满的种子，其余大部分都因授粉不良或发育不好而空秕。而短果形品种，种子大多都能在瓜内发育成熟，因而种子量较多。

二、分类

我国黄瓜类型分为华南和华北两个系统。华南系统主要分布在西南、东南及长江流域类型与品种，其蔓叶较壮大，根群强，易移植，果实短粗，皮坚、无刺或短刺。华北系统分布于黄河流域和北方各地，蔓细叶薄，根群细长，根再生能力弱，果实长棒形，皮薄有刺。

三、栽培品种

华北平原目前设施生产中推广的优良品种主要有4个。

1. 长春密刺

长势较强，茎粗，节间短。以主蔓结瓜为主，一般3~5节出现第一雌花，连续结瓜能力强，瓜码密，回头瓜多。瓜把较短，瓜面无棱，密生瘤刺。该品种较耐低温，耐弱光，早熟。较抗枯萎病，对霜霉病、炭疽病、白粉病抗性差。适合温室、大棚栽培，不适合露地种植。

此外，山东密刺、新泰密刺与长春密刺性状基本相同。

2. 津春3号

植株生长势强，茎粗壮，叶片较大，深绿色，分枝性中等，较适宜密植，以主蔓结瓜为主，单性结实能力强，瓜长约30cm，单瓜重200g左右，瓜色深绿，刺瘤适中，白刺，有棱，瓜条顺直把短。抗霜霉病和白粉病能力强，同时具有较强的抗低温弱光能力，适合日光温室越冬栽培。

3. 中农12号

植株生长速度快，结瓜集中，主蔓结瓜为主，瓜码密。瓜条商品性及品质佳，瓜条长棒形，长30cm左右，单瓜重150~200g，瓜色深绿均匀，有光泽，瘤小，刺白、中等密度，口感脆甜。抗霜霉病、白粉病、角斑病，中抗黑星病、枯萎病等多种病害，适合早春保护地、露地及秋延后栽培。

4. 以色列冬冠

生长势强，以主蔓结瓜为主，节间粗0.7~0.8cm，单性结实性好。瓜条长35~40cm，单瓜重200~300g，瓜把短，刺瘤密，无黄头，心腔细、肉厚、质嫩适口、品质佳。早熟品种，前期产量非常高。抗霜霉病、白粉病、枯萎病能力强。适合越冬日光温室或早春大棚及秋延后大棚栽培。

四、栽培模式茬口安排

华北平原地区气候温和，无霜期长。以黄瓜对温度的要求来看，在温室、大棚等保护设施内栽培基本上可以达到周年生产、周年供应。

在茬口安排上，应与非瓜类蔬菜实行3年以上的轮作，以减轻病虫害的发生。黄瓜结果多，需土壤肥力高，故前茬以施肥较多的蔬菜为宜。

五、育苗技术

1. 基础设施和土壤条件

大棚黄瓜栽培需要具备较好的大棚环境条件，通常在钢架大棚内做竹木大棚，以双层结构设计来确保黄瓜的生长需求。

黄瓜根系较浅，吸收能力弱，适宜富含有机质，肥沃疏松，保水保肥力强，能灌能排的土壤。所以大棚选址要尽量选地势较高的地块，离水源要相对近一些，以方便排灌。黄瓜怕湿也怕连作，所以地块最好是3年以上没有种过瓜果类作物，土壤要相对疏松，以肥沃的壤土为宜。

整地时施入充足基肥，腐熟农家肥 1 500kg/亩，也可以施加复合肥 40kg，菜饼 40kg，尿素 10kg。基肥可以结合翻耕均匀混合到土壤中，也可以在移栽时撒在瓜穴之内，复合肥要均匀施在土壤中，不能与种子幼苗接触，避免产生烧苗现象。

2. 播种

（1）营养土配制　与其他瓜类一样，黄瓜在移栽定植前要进行营养钵或穴盘育苗，其中，营养土的配制是关键。选择 3 年以上未种过瓜菜的肥沃、疏松、未使用过长残效除草剂的大田表土。营养土以养分全、肥沃、疏松的土杂肥为宜，每立方米掺加复合肥 2. 5kg 左右，草木灰 5kg 左右，腐熟的菜饼 3kg 左右，充分拌匀，然后堆放在一起，在夏季高温的作用下，堆中的温度能达到 60℃ 以上，起到杀灭病菌的作用，然后把堆土充分搅拌，使土肥都能充分均匀融合，然后分装至营养钵或者育苗穴盘中。

（2）浸种和催芽　将种子放置在 55～60℃ 的热水当中 10min，或者用多菌灵浸种 1h，然后将种子洗净捞出，放在通风干燥的地方晾凉风干再进播种。浸种的主要目的是杀死附着在种子表面的细菌，夏季催芽相对容易，因为常温的温度就比较高，浸泡种子的时间要结合温度而定，浸种时要注意先把种子表面的黏液洗净。

（3）播种育苗　营养钵或者穴盘在育苗床中放平，再浇透水，将催出芽的种子每钵点 1～2 粒，上覆 1cm 厚营养土。适量浇水，保持穴中有充足的水分供种子发芽生根。同时，要注意在苗床上进行遮阴，可以用农膜、草帘或遮阳网，避免高温导致烧苗情况发生。移栽至大田前 7d 要进行水分控制。

3. 苗期管理

苗期温度管理注意采用白天 20～30℃，夜晚 18～20℃，出苗后白天温度控制在 25～30℃，夜间温度控制在 12～16℃，见光时间 8h 左右。移栽前 7～10d，白天放风量逐渐加大，夜间可减少覆盖，进行幼苗锻炼，白天保持 20℃ 左右的温度，夜间 12～14℃，此间还可倒一次苗，即把大苗倒在冷处，小苗倒在暖处，促其生长整齐，倒苗后用土填缝。当瓜苗出齐后，要注意水分的控制，也要进行控肥，避免水肥过多导致瓜苗徒长。定植前 3~4d，若无霜冻可全部撤除覆盖物，并进行水分控制，以缩短缓苗时间。

六、定植及栽培管理技术

1. 定植

大棚黄瓜从播种到定植通常需要 50~60d。定植前需要扣棚 20~25d，作垄铺膜，垄宽 80cm，沟宽 40cm，垄高 15~20cm，株距 27~30cm，定植 3 500 株/亩。定植前用多菌灵和阿维菌素灌药成药窝，防病杀虫。选瓜苗叶绿、浓郁，茎粗 1cm，株高 16cm 左右，真叶 5~6 片，顶花带蕾的植株定植。定植时间多以“晴天头阴天尾”为宜。

2. 设施栽培管理

（1）温度控制　定植后，瓜苗成长进入关键期，白天温度控制在 30~32℃，夜间温度调整到 12~16℃，定植 1 周后，适当控制温度和湿度，进入缓苗期。之后，白天 26~30℃，夜间 14~16℃，中午可以适当放风，放风口选择由小变大。进入结瓜期，白天控制在 26~30℃，夜间 13~18℃，根据天气晴阴来适当放风。

（2）水肥管理　黄瓜喜湿怕涝，应做好灌溉和排水措施。黄瓜需要的土壤含水量在 85%~95%，白天适宜黄瓜生长的空气湿度大约为 80%，晚上以 90%为最佳。通常情况下，定植 10d 后浇水 1 次，缓苗水后进入蹲苗。一般生育正常的情况下，当叶色深绿，叶片增厚，刺毛变硬，根瓜坐稳足以坠秧时，或距地表 5cm 以下根部土壤手握不成团而散开时，应立即灌 1 次大水结束蹲苗。正常生长期，根瓜坐住后浇 1 次催瓜水，坐瓜后 10d 左右浇 1 次水。根瓜采收后进入结瓜盛期，需水量大大增加，需小水勤浇，经常保持地面湿润，每隔 1~2d 浇 1 次水。一般在清晨或傍晚进行浇水。灌水时应注意棚内湿度及温度的变化，适当通风降湿，前期通风宜选择 10 时前后，后期通风宜选择 16 时前后。

设施栽培由于大量施用化学农药，对土壤的结构会产生影响。因此需有效施用基肥，经过发酵的秸秆、草苫等都是非常好的有机肥，草木灰属于弱碱性，对于土壤的酸性改良具有促进作用，并且还能够促进黄瓜根部生长，使得瓜根强壮，进一步助推高产。黄瓜的生长中极容易出现的一个不良现象就是地上部分徒长，“只长秧不结果”，这会造成已投入资源的浪费以及减产，因此，设施黄瓜栽培中还需要对棚内的温湿度进行有效控制。

（3）整枝吊蔓　合理调整植株是协调茎叶生长和开花结果平衡发展的关键措施之一。同时，也可以改善通风透光条件，提高光能利用率，有利于黄瓜的增产。

搭架整枝绑蔓黄瓜一般以主蔓结瓜为主，对分枝较多的品种及时整枝，保留养分供应主枝生长，掐掉一些卷须以减少养分消耗。待黄瓜长到 4 叶时，要在植株外侧搭架，架高要在 2m 左右。一般在株高 25cm 左右时开始绑蔓，以后每隔 3~4 叶绑一次，绑在瓜下 1 节。主蔓侧蔓均能结瓜的品种，要在 15 叶以上时留上面的 2~3 条侧蔓，每条侧蔓留瓜 1 个，在留瓜前的 2~3 叶摘心。在中上部留瓜，使瓜长、瓜直、瓜均匀一致，对畸形瓜要及时摘除。

七、病虫害发生和防治

黄瓜的生长期长，黄瓜的病虫害种类较多，且繁殖速度快，不易防治，一般需要多次施药，加之为害黄瓜的多种病原菌和害虫都易产生抗药性，所以要注意避免或者延缓抗性产生，确保达到理想药效。药剂使用方面要优先使用混剂，坚持不同作用机理的药剂交替、轮换使用，单一药剂的使用要有限制，不可超过农药标签所注的“每季作物最多使用次数”。常见病虫害种类有：苗期猝倒病、立枯病、霜霉病、灰霉病、细菌性角斑病、白粉病、炭疽病等病害；白粉虱、蚜虫、蓟马、地下害虫等虫害。

八、采收

当黄瓜瓜条长到一定大小，种子和种皮尚未硬化时，应及时采收。前期植株生长量小，根瓜宜早采，以防坠秧。黄瓜一般开花后8～15d达到采收期，生长前期温度低，果实生长慢，3～4d采收一次。随着温度的升高，果实生长加快，到盛果期可以1～2d采收一次。另外，果实的采收还应结合植株生长状况，对生长势弱的植株要早摘、重摘，对旺长的适当晚摘、轻摘。通过采收，调整瓜果平衡关系，达到“去果促秧，留果控秧”的目的。

第四节　番茄栽培技术

番茄俗称西红柿，属于茄科番茄属，为一年生或多年生草本植物，或为亚灌木。株高0.6～2m，全株生黏质腺毛，有强烈气味，茎易倒伏，叶羽状复叶或羽状深裂，花序总梗长2～5cm，3～7朵花，花萼辐状，花冠辐状，浆果扁球状或近球状，肉质而多汁液，种子黄色，扁圆形。

番茄起源于南美的秘鲁、厄瓜多尔、玻利维亚等国家。中国栽培番茄从欧洲或东南亚传入，起初因番茄果实有特殊味道，仅作观赏栽培。清代汪灏在《广群芳谱》的果谱附录中有“番柿”，“一名六月柿，茎似蒿。高四五尺，叶似艾，花似榴，一枝结五实或三四实。草本也，来自西番，故名”。

20世纪初，城市郊区开始有栽培食用，50年代迅速发展，成为主要果菜之一，南北方广泛栽培，栽培模式由露地栽培逐渐向地膜覆盖、小拱棚、大棚栽培发展，80年代中期以来，日光温室栽培面积迅速扩大，设施结构性能不断改进提高，采光保温技术取得重大突破，配套栽培技术也日趋完善。目前，我国北纬41°以南地区进行冬季日光温室番茄生产，已实现春节前开始上市，亩产量可达13t，亩产值突破 3 万元。

番茄的果实营养丰富，具特殊风味。可以生食、煮食、加工番茄酱、汁或整果。不仅味道鲜美，而且营养价值丰富，含有大量的维生素 C、番茄红素、膳食纤维以及各种矿物质，成人每天食用 1 个番茄，即可满足 1d 内身体对维生素的需要，因此被称为“神奇的菜中之果”，中西医对其营养价值认可度都颇高，中医认为番茄有凉血养肝、清热解毒、降低血压的功效。

一、生物学特性

番茄植株由根、茎、叶、花、果五部分组成。

1. 根系

番茄根系发达，再生能力强，喜温、半喜湿半耐旱，喜肥且吸肥、耐肥能力都较强。

2. 茎

番茄茎部为半直立性，侧枝萌发能力强，喜温怕霜不耐炎热，生长适温 20~25℃，喜光不耐弱光，适宜较低空气湿度。

3. 叶

番茄叶片为奇数羽状复叶，卵形或长圆形，前端渐尖，边缘有不规则锯齿或裂片，不同品系的叶片大小、形状、颜色着生疏密度有很大差异。生长适温 20~25℃。

4. 花

番茄花序及花为总状花序，完全花，自花授粉；开花后经过授粉受精才能坐果，发育成为果实；亦可激素处理形成果实。开花坐果要求温度为 15~35℃，最适宜温度 20~30℃，高于 35℃或低于 15℃会影响授粉、坐果。

5. 果实

番茄果实为浆果类，肉质而多汁，分果肉、心室，心室内有果酱和种子，种子扁平、肾形，灰黄色。果实有不同形状、大小、颜色，果味为酸甜型，酸甜度因品种不同也有较大差异。果实生长过程包括种子形成期、果实膨大期、果实成熟期。坐果期最适宜温度20～30℃，高于35℃或低于15℃会影响果实生长。

番茄在生长茎叶的同时开花结果，因而协调营养生长及生殖生长，是丰产的关键。

二、分类

作为果蔬栽培的番茄可以按以下不同方式分类。

按植株类型分类：无限生长类、有限生长类。

按果实用途分类：鲜食番茄、加工番茄、观赏番茄。

按果实形状分类：圆形（扁圆、高圆、椭圆）、圣马札诺（香蕉形）、罗曼类型、梨形。

按成熟期分类：早熟品种（6～7片叶后出现第一花序）、中熟品种（在7～8片叶出现第一花序）、晚熟品种（在9片叶以上出现第一花序）。

三、栽培品种

目前，番茄有蔬菜番茄、景观番茄。其品种有5个变种：一是普通番茄，多数栽培品种均属此变种，果实红或粉色，圆形或椭圆形；二是樱桃番茄，果实圆球形，果径约2cm，2室，红、橙、黄或紫色；三是大叶番茄，叶缘光滑，形似薯叶；四是梨形番茄，果实梨形，红色或橙黄色；五是直立番茄，茎直立，果实扁圆球形。

设施果蔬栽培中使用的主要是普通番茄，番茄品种繁多。目前，国内主要栽培的品种有：大果型番茄毛粉802、佳粉15、佳粉17、合作903、合作906和金棚、保冠，豫艺金粉系列、粉都系列；樱桃番茄千禧、豫艺粉珍珠、黄宝石等；引进品种有以色列144、189、1420等，荷兰瑞克斯旺的百利、玛瓦等，西班牙的卡伊罗等。最近流行的红果品种倍盈、齐达利、保罗塔等；粉果品种欧盾、普罗旺斯、迪粉尼等。在品种选择上应注意作早春或秋延后栽培时，应选择早熟品种，正常季节栽培时选择中晚熟品种。

四、栽培模式

番茄因地区温度差异、土地或投资能力限制、土地茬口安排需要等因素影响，栽培时有露地栽培、设施栽培等多种模式，茬次较多。

在设施栽培条件下，番茄一年四季均可生产。从播种至收获一般需要90~120d，高温条件下时间短些，反之长些。采收期因品种、茬次不同差别较大，有限生长型品种采收期约1个月；无限生长型品种采收期延长，越冬一大茬栽培采收期长达6~7个月。

20世纪80年代以来，日光温室番茄栽培模式、栽培面积迅速发展。日光温室的热源来自太阳辐射，除最寒冷季节和灾害性天气外，一般不进行人工加温。日光温室番茄栽培，设备简单，节省能源、投资少、见效快，可充分利用农村剩余劳动力和土地资源。越冬茬种植可以有效避免生产过剩季节，元旦、春节上市市场需求量大，价格高，已成为部分地区开发农村经济，使农民脱贫致富的新产业，经济效益和社会效益显著。

五、育苗技术

番茄种子千粒重3~3.3g，每亩用种量因栽培茬次、种植密度不同而异，一般栽培密度4 000~5 000株，亩用种量25~30g，种植密度3 000株左右，亩用种量15~20g。

因种子较小，发芽及初期生长势差，如果使用的是包衣种子可以直播，普通种子必须在播种前进行种子处理。

1. 温汤浸种

用清水浸泡种子1~2h，然后捞出，把种子放入55℃热水中，不断加水维持水温55℃15min，期间持续搅拌，使种子均匀受热，以防烫伤种子，可以预防叶霉病、溃疡病、早疫病等病害发生。之后再继续浸种3~4h。

2. 磷酸三钠浸种

用清水浸种3~4h，捞出沥干后，再放入10%的磷酸三钠溶液中浸泡 20min，捞出洗净。这种方法对防治番茄病毒病有比较明显的效果。

3. 催芽

种子经过上述处理后可以直接播种，但以催芽后播种为好。进行催芽时，将处理过的种子捞出沥干明水，摊在干净的湿纱布上，厚度不超过 2cm，水分沥干，用洁净湿布包着，然后放置在 25～28℃温度条件下催芽，70%种子长出 1～2mm 的胚根后播种。催芽过程中，需提供适宜的温度、水分和空气，为此要经常检查和翻动种子，使种子处于松散状态，每天还需要用清水淘洗 1～2 次，以更新空气和保持湿度。催芽最好采用恒温箱。经过催芽的种子，播种后出苗快而整齐，有利于培育健壮的幼苗。

低温期育苗可先撒播，中间分苗一次。高温期直播一次成苗。另外可采用抗根结线虫和土传病害的品种做砧木进行嫁接育苗，价格昂贵的优良品种可采用扦插育苗。

育苗方式有营养钵、穴盘点播和育苗畦撒播育苗两种。

营养钵、穴盘育苗以使用育苗基质为好，也可使用配制营养土。基质配比为草炭：蛭石为 2：1，按重量比 5‰加入磷酸二铵（溶化），充分混合拌匀。育苗畦育苗主要采用土壤育苗，也可挖槽使用基质育苗。育苗畦选无病虫、地势高、光照条件好、保温好、没有使用过除草剂或激素，3 年以上未种植过番茄、辣椒、马铃薯等茄科作物的肥沃园土或玉米田土、水稻田土等做育苗床，施入充分腐熟的牛马粪和磷酸二铵或三元复合肥等。菜园土每平方米用 9g 多菌灵、五福合剂等消毒。

苗床周围投放毒饵防鼠、防蝼蛄。番茄苗期要适当控水，以防徒长。低温期播种后苗床需覆盖增温，高温期播种后苗床需遮阴降温。以期培育出上下茎粗相同，节间短且粗壮，根系白色且须根多，叶片肥厚，叶色深绿，无病虫的健壮苗。

幼苗健壮与否对番茄的产量关系极大，因此，除育苗期间要根据番茄苗生长发育的需求调节好温湿度外，若幼苗有徒长趋势，用

0.05%~0.1%的矮壮素或多效唑、比久等药液喷洒，防止徒长。

定植前要进行严格选苗，尽可能选择生长健壮、整齐的幼苗，淘汰弱苗、劣苗。壮苗标准：冬春季定植茬次苗龄60d左右，苗高20cm，茎粗0.6~0.7cm，幼苗上下茎粗相同，节间短且粗壮，具7片真叶，根系白色且须根多，叶片肥厚，叶色深绿，无病虫寄生。秋季定植茬次苗龄25~30d，4~5片叶。

六、主要设施栽培技术

（一）大棚早春茬栽培技术

1. 品种选择

应选择耐低温、耐弱光、抗病性强、优质早熟高产品种。

2. 培育壮苗

品种的熟性和育苗方式不同，适宜的苗龄也不一样。早熟品种在加温温室基质无土育苗需55~60d，土壤育苗需60~65d；日光温室育苗需65~70d。中晚熟品种的适宜苗龄比早熟品种增加5~10d。播种期要根据当地春季塑料大棚栽培番茄的安全定植日期进行推算，即从定植期减去上述适宜苗龄所得出的日期就是适宜播种期。中原地区以12月下旬到翌年1月上中旬播种为好。

播种前3~4d进行种子处理和催芽，提前根据育苗温室里温度情况，使用设备加温或加盖小拱棚提高地温和气温，当地温达到10℃，气温达到15℃以上时播种。

育苗畦育苗时播种一定不要过密。育苗盘和营养钵育苗时要选择大孔径的，以营养钵用10cm，育苗盘选用50穴为好。营养土配制一定要高标准，既要营养充足，又要透气保水性好。

3. 科学定植

（1）整地起垄　大棚早春茬栽培生长期较长，产量高，基肥必须施足。亩施腐熟猪羊或鸡粪有机肥6 000~8 000kg，配合施入过磷酸钙30kg，钾肥20kg（或草木灰80kg）。施肥后进行深耕30~35cm，耙细后起垄，垄的宽度应品种成熟属性和密度确定为70~80cm，高

15~20cm，垄间沟宽 50~60cm。起垄后密闭大棚进行土壤温度提升。

（2）适时定植 移植时间根据大棚内温度变化情况，有无前茬作物以及大棚内覆盖的层次等确定，要尽量赶早，不要失去大棚早熟栽培目的。一般在 2 月下旬至 3 月初，大棚内夜间最低气温稳定在 4℃以上，5cm 土温稳定在 10℃左右时抢冷尾暖头天气定植。定植株距根据品种而定，早熟品种每亩 5 000 株，中熟品种 3 500~4 000 株，晚熟品种 3 000 株。

4. 定植后管理

（1）温度管理 移栽初期以防寒保温为主。如遇寒潮，要采用扣小拱棚或拉天幕等多层覆盖，大棚四周围草帘防寒。缓苗期不放风，3 月以后随着外温升高，逐步加大放风量，延长放风时间，早放风，晚闭风。保证白天棚内气温 22~25℃，夜间保持 12~15℃，空气湿度 60%~70%。

（2）水肥管理 移栽初期必须控制浇水，不要大水漫灌，预防地温大幅下降，导致沤根、死苗，促进根系发育。采取小水勤浇原则，定植时穴浇水，缓苗后选晴天上午浇小水，浇水 3~4d 后实施中耕，覆盖白色农膜。第一花序果实坐稳后，浇一次水，随水每亩追施氮磷钾三元复合肥 30kg，第二、第三花序坐果后再各浇 1 次水，每亩冲施尿素 10kg、硫酸钾 20kg。浇水要在晴天上午进行，浇水后要加强放风，降低棚内空气湿度，预防棚内湿度过大引发的病害和裂果。为了防止植株早衰，可用 0.3%尿素和 0.2%磷酸二氢钾混合水溶液进行叶面追肥 3~4 次。

（3）光照管理 2—3 月在温度允许的情况下，应尽量早揭晚盖棉被或草苫，延长光照时间，并经常清除棚膜上灰尘，增加透光率，有利于植株健康生长。

（4）整枝打杈 番茄茎部为半直立性，侧枝萌发能力强，所以，在结果前一定要使用塑料绳吊蔓或用细竹竿插架支撑，如插架一般采用篱形架。生长过程中要不断地整枝打杈。大棚早春茬整枝方法一般采用单干式整枝，也可采用改良式单干整枝，无限生长类型品种可留

3~4 层果摘心，有限生长类型品种可留 2~3 层果摘心，及时摘掉多余的侧枝。结合整枝绑蔓摘除下部老叶、病叶，有利于通风、透光，减少病害发生。

（5）花果管理　在花期加强温度、水分等环境条件管理，进行人工辅助授粉（振动植株或花序），可于花期用 15~25mg/L 的 2,4-D 药液或 30~50mg/L 的番茄灵药液浸花、涂花或喷花，番茄丰产剂 2 号 60 倍液喷花更安全。适宜的处理时期是花开放前后各 1d。对当天开的花也要注意，处理早易形成僵果，处理晚易形成裂果。使用浓度要根据激素有效成分含量、棚内温度确定合理浓度，低温时用高浓度，高温时用低浓度，不能重复使用，浓度过大或重复使用会导致裂果、畸形果，结合整枝、打杈、绑蔓进行疏花疏果。前期采收果实可以用乙烯利人工催熟，随着温度升高后期为延长贮藏时间、延长供应期，可以不使用乙烯利人工催熟。

（二）大棚秋延后栽培技术

1. 品种选择

应选择抗病能力强，具有早熟、丰产、耐贮藏、抗寒等优良性状的品种。

2. 培育壮苗

根据当地霜降来临时间确定播种期，一般单层塑料薄膜覆盖以霜降前 3 个月播种为宜。

播种期高温多雨，苗期为病毒病、白粉虱和蚜虫发生高峰期，苗床要使用塑料膜防雨，遮阳网降温、60~80 目白色高密度防虫网防虫。种子使用磷酸三钠浸种、催芽。

育苗方式可采用营养钵、穴盘基质育苗和育苗畦育苗。营养钵、穴盘基质育苗可选用口径 8cm 的营养钵、72 穴育苗盘播种，以架空摆放为好。

苗期管理主要是保持土壤湿度，降温防雨，防治苗期病虫害。一般苗龄以 25d 左右为宜，此时幼苗长有 3~4 片真叶。

3. 科学定植

(1) 整地起垄 首先按定植时间提前15d左右把大棚内外前茬作物和杂草清除干净，亩施腐熟猪羊粪或鸡粪有机肥3 000~5 000kg，配合施入过磷酸钙、硫酸钾做基肥。施肥后进行深耕30~35cm，耙细后起垄，垄的宽度为70~80cm，高15~20cm，垄间沟宽50~60cm。土传病害严重的老菜区，整地时亩用多菌灵、甲基硫菌灵1.5kg消毒杀菌。根结线虫严重的地块，用10%噻唑膦或阿维菌素撒施于定植垄下。整好地后实施高温闷棚7~10d，起到杀灭病虫、熟化土壤效果。

(2) 适时定植 选苗龄30d左右，6~7片真叶的壮苗定植。移栽选阴天或傍晚，定植后及时全田浇水，以降低地温，以利缓苗。定植密度一般比早春茬栽培大。栽培有限生长型品种或单株只留2穗果栽培，每亩栽5 000株左右。栽培无限生长型品种，单株留3穗果栽培，每亩栽4 000株左右。缓苗后中耕松土，在垄上覆盖黑色农膜，降低地温、抑制杂草发生。

4. 定植后管理

(1) 温度光照管理 移栽后前期为高温多雨季节，要加强通风、降温，采用遮阳网降温是减少病毒病发生、保证生产成功的重要措施。覆盖方式为返苗期全棚覆盖，缓苗后根据温度情况适量调整，保证白天温度不超过35℃。如植株徒长，应及时喷洒矮壮素。进入9月去掉遮阳网，9月中旬以后，外界气温开始下降，要注意夜间保温，当外界最低气温下降到15℃以下应及时扣棚覆膜，扣棚后要根据温度情况调整白天放风量，避免形成白天高温。

(2) 水肥管理 移栽初期必须控制浇水，防止番茄茎叶徒长，促进根系发育。生长后期气温逐步降低，加上扣棚覆膜，需水量不太大。扣棚时，番茄已进入结果盛期，为了壮秧攻果，防止棚内湿度过大而诱发病害，所以扣棚前最好先浇水追肥1次，每亩追磷酸二铵15kg或氮磷钾复合肥20kg。以后缺水时应顺行间沟浇小水。为了防止植株早衰，可用0.3%尿素和0.2%酸二氢钾混合水溶液进行叶面追肥 3~4 次。

（3）整枝打杈　结果前一定要使用塑料绳吊蔓或用细竹竿插架支撑。生长过程中要不断整枝打杈，一般采用单干整枝，留 2~3 个果后摘心。每个果穗只保留 3~4 个果。结合整枝打杈摘除下部老叶、病叶。

（4）花果管理　花期及时用 10~20mg/L 2，4－D 药液、20~30mg/L 的番茄灵药液或番茄丰产剂 2 号 50 倍药液浸花、涂花或喷花。结合整枝、打杈、绑蔓进行疏花疏果。果实转色后要陆续采收上市，当棚内温度下降到 2℃时，要全部采收，进行贮藏。一般用简易贮藏法，贮藏在经过消毒的室内或日光温室内。贮藏温度要保持在 10~12℃，相对湿度 70%~80%，每周倒动 1 次，并挑选红熟果陆续上市。秋番茄一般不进行乙烯利人工催熟，以延长贮藏时间，延长供应期。

（三）日光温室秋冬茬栽培技术

1. 品种选择

日光温室秋冬茬番茄是秋天播种，秋末到冬季收获，生育期限于秋冬季，采收期短，应选择抗病毒，大果型、丰产、果皮较厚，耐贮藏的优良品种。

2. 培育壮苗

秋冬茬番茄育苗期为 7 月中下旬，处在高温多雨季节，必须选择地势较高，排水良好又通风、没有种过番茄的地方，设置 1.5~2m 高的中棚，覆盖透光率低的旧薄膜，四周卷起，形成防雨遮阴棚，应用遮阳网遮阴，有利于降温防暴晒。播种前进行种子消毒和浸种催芽，以磷酸三钠浸种为好，预防病毒病发生。

育苗方式可采用营养钵、穴盘基质育苗和育苗畦育苗。营养钵、穴盘基质育苗可选用口径 8cm 的营养钵、72 穴育苗盘播种，以架空摆放为好。

育苗畦育苗在育苗棚内作成 1~1.5m 宽的平畦，施腐熟农家肥，翻 10cm 深，耙平畦面，按 10cm 行距开浅沟，沟内浇少量水，把催出小芽的种子条插于沟中，用耙耧平畦面，覆土1.5cm后，立即在畦面灌水。

因为这段时间育苗设施内的温度和光照等可以调控在最适宜的范围内，比较容易培育出茎秆粗壮、花芽分化及发育良好的适龄壮苗。出苗前要保持营养钵或育苗畦湿润，出苗后适当控制水分。温度管理以降温为主，白天以25~30℃为宜，不超过35℃，夜间以15℃左右为宜，不高于20℃。

若幼苗有徒长趋势，用0.05%~0.1%的矮壮素或多效唑、比久等药液喷洒，防止徒长。幼苗出土后7d喷一次防治蚜虫、白粉虱的药剂，防止直接为害和传播病毒病。

3. 科学定植

秋冬茬番茄生长期温度高，采用保温条件稍差的日光温室覆盖栽培。定植前温室内外前茬作物和杂草清除干净，对温室和土壤进行化学消毒，以减少病菌。

(1) 整地起垄　秋冬茬番茄生长期短，可适当降低底肥量，亩施腐熟猪羊粪或鸡粪有机肥3 000~5 000kg，配合施入过磷酸钙、硫酸钾做基肥。施肥后进行深耕30~35cm，耙细后起垄，垄的宽度应品种成熟属性确定为70~80cm，高15~20cm，垄间沟宽50~60cm。生长前期温度高，有利于病害发生，所以对土传病害严重的老菜区，整地时亩用多菌灵或甲基硫菌灵1.5kg消毒杀菌。根结线虫严重的地块，亩用10%噻唑膦颗粒剂或阿维菌素撒施于定植垄下。覆盖黑色农膜，抑制杂草发生。

(2) 适时定植　定植后前期温度也比较高，所以，定植时间限制较少。一般在播种20~30d，4~5片真叶即可定植。定植时选生长健壮、整齐的幼苗，每亩定植3 500~4 000株为宜。

4. 定植后管理

(1) 温度光照管理　日光温室秋冬茬番茄栽培恰好在外界气温由高逐渐降低的秋季和冬季，因此，温室内温度的调节也要随着外界气温的变化和番茄不同生育阶段对温度的需求而灵活掌握。调控方式主要是通过前期覆盖遮阳网，调整放风时间和放风量，后期揭盖棉被或草苫的时间，变换通风方式及通风量来实现。一般白天掌握在25~28℃，最高不宜超过30℃，夜间控制在15~17℃，清晨最低温度不宜低于8℃。番茄不同生育阶段所需温度略有差异，一般开花期比掌握的标准略低1~2℃，果实发育期略高1~2℃。

（2）湿度管理　温室秋冬茬前期为高温多雨季节，要做好排水防涝。如果温室内空气湿度过大，会影响植株的正常生长、开花结果，同时也易孳生和蔓延各种病害。因此，在保证番茄正常生长的基础上，尽量保持较低的空气湿度，通过改善通风、浇水、喷药等措施，使温室内空气相对湿度保持在50%~60%为最好。

（3）水肥管理　秋冬茬前期应适当控制浇水和追肥，防治高温下营养生长过旺，当营养生长和生殖生长同时进行时可适当增加肥和水，并经常保持土壤湿润，防止忽干忽湿，一般每间隔8~10d灌水1次，每次浇水要适当控制，不宜大水漫灌。实施浇水、追肥操作，应选择在晴天进行，浇水后还要适当加大通风量，降低温室内空气湿度，防止病害发生。

（4）整枝打杈　结果前一定要使用塑料绳吊蔓或用细竹竿插架支撑。生长过程中要不断整枝打杈，一般采用单干整枝，留2~3穗果后摘心。每个果穗只保留3~4果。结合整枝打杈摘除下部老叶，病叶。

（5）花果管理　花期及时用10~20mg/L的2,4-D药液、20~30mg/L的番茄灵药液或番茄丰产剂2号50倍药液浸花、涂花或喷花。结合整枝、打杈、绑蔓进行疏花疏果。前期果实转白色后用乙烯利催熟，转红色后陆续采收上市。后期果实转白色后直接采收后储藏转红，当温度下降到2℃时，将果实全部采收储藏。储藏果实不使用乙烯利催熟，以延长贮藏时间，延长供应期。

一般用简易贮藏法，贮藏在经过消毒的室内或日光温室内。贮藏温度要保持在10~12℃，相对湿度70%~80%，每周倒动一次，并挑选红熟果陆续上市。

（四）日光温室越冬茬栽培技术

1. 品种选择

日光温室越冬茬栽培采收期为12月到翌年6月，应选择抗病丰产，在低温弱光条件下坐果率高、果实发育快、果个较大、果型果色好的中晚熟品种，无限生长类、有限生长类都比较适宜。

2. 培育壮苗

越冬茬番茄生产适宜播种期在8月中旬。和日光温室秋冬茬育苗一样，处于高温多雨季节。因为这段时间育苗设施内的温度和光照等可以调控在最适宜的范围内，比较容易培育出茎秆粗壮、花芽分化及发育良好的适龄壮苗。出苗前要保持营养钵或育苗畦湿润，出苗后适当控制水分。以降温管理为主，白天以25℃为宜，不超过30℃，夜间以12℃为宜，一般不低于10℃，不高于15℃。

若幼苗有徒长趋势，用0.05%~0.1%的矮壮素或多效唑、比久等药液喷洒，防止徒长。幼苗出土后7d喷1次防治蚜虫、白粉虱的药剂，防止直接为害和传播病毒病。

3. 科学定植

越冬茬番茄是一年中产量高、效益最理想的茬口。冬季进入采收期，需要采用保温条件最好的日光温室栽培，并对温室和土壤进行化学消毒，以减少病菌。

（1）整地起垄　越冬茬番茄生长期温度先由中温转入低温，再逐步转入高温期，生长期长，产量高。需要增施底肥。以每亩使用8 000~10 000kg有机肥、过磷酸钙、钾肥做基肥。施肥后进行深耕30~35cm，耙细后起垄，整地作垄时，可作成宽窄行，尽可能加大垄与垄之间的距离。因生长前期和后期都适宜病害发生，重茬温室整地时亩用多菌灵、甲基硫菌灵消毒杀菌。根结线虫严重的地块，亩用10%噻唑膦颗粒剂或阿维菌素撒施于定植垄下。条件允许的话，最好安装微滴灌带，实施水肥一体化灌溉，覆盖黑色农膜后定植，起到前期降温、抑制杂草发生的效果。

（2）适时定植　定植后前期温度也比较高，所以，定植时间根据天气、农事安排确定。一般在播种20~30d、4~5片真叶即可定植。定植前要进行严格选苗，淘汰弱苗。中熟品种每亩定植3 000株为宜，晚熟品种每亩定植2 500株左右。

4. 定植后管理

日光温室越冬茬番茄栽培生长期包括秋季、冬季、春季。秋季降温降湿防止营养生长过旺；冬季保温保湿，增加光照；春季确保持续健康生长。

（1）温湿度管理　温室内温度的调节要随着外界气温的变化和番茄不同生育阶段对温度的需求而灵活掌握。高温期通过遮阳网、风口放风时间和放风量调控，低温期通过揭盖棉被或草苫的时间、变换通风方式及通风量来调控。一般早上达到20℃以上开始放风，根据天气和温度调节放风量，下午23℃左右关闭风口。使用棉被或草苫的，以夜间控制在15~17℃，清晨最低温度不宜低于8℃的标准确定覆盖和收起时间。

如果温室内空气湿度过大，会影响植株的正常生长、开花结果，同时也易孳生和蔓延各种番茄病害。因此，在保证番茄正常生长的基础上，尽量保持较低的空气湿度，通过改善通风、浇水、喷药等措施，使温室内空气相对湿度保持在50%~60%为最好。

（2）光照调节　越冬茬温室栽培中坐果、采收期历经外界光照时间短、强度弱的冬季，往往达不到番茄正常生长发育所需要的光照强度，为此，应通过改进栽培技术措施使番茄植株尽可能多地接受自然光照。为了提高节能型日光温室的光照强度，于冬季来临时在温室北侧架设反光幕，有利改善室内光照条件，提高温室温度。

前茬蔬菜作物拉秧后，应及时更换覆盖温室的农膜，最好使用透光率高的无滴农膜。冬季要经常清扫农膜上的灰尘及杂物，保持温室洁净，增加自然光的透光量。

（3）水肥管理　越冬茬番茄前期水肥管理比较简单，浇足定植水，促进缓苗。缓苗后以促为主，加强水肥管理，尽量在进入严冬前形成健壮植株以提高抗寒性，为低温期正常结果打好基础。缓苗后用复合肥或养根类冲施肥追肥 1 次，复合肥每亩 15kg，冲施肥每亩 5kg。坐果后再追肥 1 次，复合肥每亩 20kg。严冬季节少浇水。2 月底以后加强水肥管理，逐步加大浇水量，在晴天上午浇水，保持土壤见干见湿为宜，结合浇水使用三元复合肥每亩 30kg，之后到收获期可再追肥 1~2 次，同时实施叶面追肥。

（4）整枝打杈　支架方式可改变传统的四角架为篱形架，以充分利用温室的空间。生长过程中要不断整枝打杈，并在番茄果实开始采摘之前，及早摘除第一果穗以下的老叶、黄叶、病叶，以改善植株行株间的通风透光条件，对提高植株的光合作用有明显效果。

（5）花果管理　花期及时用 10~20mg/L 的 2,4-D 药液、20~30mg/L 的番茄灵药液或番茄丰产剂 2 号 50 倍药液浸花、涂花或喷花。10℃以上时留 5 穗果摘心，翌年春季顶幼果长成后，在顶端留一强壮侧枝换头栽培，加强水肥管理，可再结 5~6 穗果，第一茬果在 4 月中下旬开始采收，6 月上旬拉秧，产量在 1.2 万~1.5 万 kg/亩。结合整枝、打杈、绑蔓进行疏花疏果。果实转白色后用乙烯利催熟，转红色后陆续采收上市。

（五）日光温室冬春茬栽培技术

日光温室冬春茬番茄生长前期处于低温、弱光照的冬季，栽培技术难度较大。如何充分利用太阳光能和节能型日光温室的设施，提高和保持适于番茄生长发育的温度和光照强度，保证冬季植株正常生长，坐果是冬春茬栽培能否获得优质高产的关键。

1. 品种选择

应选择在低温弱光条件下坐果率高、果实发育快、果个较大、商品性好的品种。可选择适宜栽培的无限生长类型和有限生长类型。

2. 培育壮苗

冬春茬番茄生产适宜播种期在 11 月上中旬。早熟品种在加温温室基质无土育苗需 55~60d，土壤育苗需 60~65d，日光温室育苗需 65~70d。中晚熟品种的适宜苗龄比早熟品种增加 5~10d。一般要求 1 月上旬前完成苗期生育。

前期温度较适合，后期进入低温期，因此需要温室育苗。苗床要选择在温室内光照充足、温度好的位置。最好加温育苗或进行多层覆盖育苗。

种子使用温汤浸种、催芽，70%以上种子催芽后长出1~2mm的胚根后播种。育苗畦育苗时播种一定不要过密。育苗盘和营养钵育苗时要选择大孔径的，以营养钵用10cm、育苗盘选用50穴为好。营养土配制一定要高标准，既要营养充足，又要透气保水性好。

苗期尽量增强光照培育出茎秆粗壮、花芽分化及发育良好的适龄壮苗。随着幼苗增大，苗与苗之间的距离要拉大，严防叶片互相遮挡。水分不要过大，但又不要干旱，苗期尽量不灌水。播种后约经60d的管理，幼苗6~7片叶，现大蕾时即可定植。

3. 科学定植

冬春茬栽培番茄的定植期正值严冬季节，为提高日光温室的温度，前茬作物应尽可能提前拉秧，清洁田园，修补或更新农膜，并对温室构件和土壤进行化学消毒，以减少病菌。

整地起垄每亩使用优质、腐熟的农家肥5 000~6 000kg，深耕细翻，使粪土充分掺匀。整地起垄前，每亩条施30~50kg氮磷钾三元复合肥，作垄时可作成宽窄行，尽可能加大垄与垄之间的距离。以充分利用温室的空间。按垄距120~130cm作垄，垄宽70~80cm，垄高15~20cm，垄面要平整。密闭温室，以提高温室内空间和土壤温度，保证幼苗定植后有较高的成活率。

定植前还要进行严格选苗，尽可能选择生长健壮、整齐的幼苗，淘汰弱苗、劣苗。每亩栽植的株数以3 000~3 500株为宜。

4. 定植后管理

(1) 温度管理　番茄幼苗定植后，温室应继续密闭5~6d，创造高温、高湿的环境条件加快缓苗速度。缓苗后开始放风，以降温降湿，一般在晴天的中午进行，以温室内最高气温不超过30℃为宜，最好控制在25~28℃，夜间的气温，前半夜应维持在14~16℃，后半夜可降低至8~12℃。当植株进入果实发育盛期时，温室内气温应适当升高1~2℃。

（2）光照调节　日光温室冬春茬番茄栽培季节是前期外界光照时间短、强度弱，往往达不到番茄正常生长发育所需要的光照强度，为此，应通过改进栽培技术措施使番茄植株尽可能多地接受外界自然光照。

前茬蔬菜作物拉秧后，应及时更换塑料薄膜，最好使用透光率高的无滴薄膜，并要经常清扫薄膜上的灰尘及杂物，保持温室洁净，增加外界自然光的透光量。此外，还可以在温室的北侧架设反光幕，这对增强植株的光合作用有明显效果。

（3）水肥管理　培育强大根系和健壮植株，是越冬茬番茄安全越冬和丰产的基础。水肥管理一定要围绕“培养大的根系，形成健壮植株”而进行。最好使用微滴灌系统，定植时小水浇灌。如果没有微滴灌系统，定植时最好使用穴浇水。返苗后浇一次水，并随水冲施促根、养根类生物菌肥或冲施肥，中耕1~2次后覆盖白色地膜。深冬期尽量不浇水，2月底以后可逐步加大浇水量，保持土壤见干见湿，浇水应安排在晴天上午，浇水后最好能有2个连续晴天，地温易恢复且有充分的排湿空间。一般不宜在下午浇水，以免地温下降明显、棚内湿度过大而引起病害发生。

在第一茬果实开始采收后，天气转暖时亩追氮磷钾三元复合肥30kg或水溶肥10kg。不覆地膜者可在株外侧15cm处开小沟，将肥料溶于水中，进行局部小水冲施，覆盖地膜者如有微滴灌设备，可将肥料溶于滴灌水中滴施。生长后期即4—5月，因天气转暖，可再追肥1~2次，一般随水冲施即可，同时叶面喷施尿素+磷酸二氢钾。

（4）整枝打杈　植株返苗后采用尼龙绳吊蔓，让番茄缠绕在上面顺吊绳向上生长。缓苗前不整枝，可利用这些早期发生的侧枝制造一定的养分，促进根系的发育。定植后12~15d进行第一次整枝，一般采用单杆整枝方法，以后多余的侧枝应及时从基部抹去，以免消耗养分，以后每隔4~5d打一次杈。整枝打杈宜在早上露水干后进行，防止病菌从伤口侵入感染。番茄结果前若植株出现徒长，应在株高

30~40cm 时使用多效唑 2 000 倍液。

（5）花果管理　开花结果期为低温季节，要加强温度水分等环境条件管理，进行人工辅助授粉（振动植株或花序），可于花期用 15~25mg/L 的 2,4-D 药液或 30~50mg/L 的番茄灵药液浸花、涂花或喷花，番茄丰产剂 2 号 60 倍液喷花更安全。适宜的处理时期是花开放前后各 1d。对当天开的花也要注意，处理早易形成僵果，处理晚易形成裂果。使用浓度要根据激素有效成分含量、棚内温度确定合理浓度，低温时用高浓度，高温时用低浓度，不能重复使用，浓度过大或重复使用会导致裂果、畸形果，结合整枝、打杈、绑蔓进行疏花疏果。前期采收果实可以用乙烯利人工催熟，随着温度升高，后期为了延长贮藏时间，延长供应期，可以不使用乙烯利人工催熟。第一茬果在 4 月中下旬开始采收，6 月上旬拉秧。后期要及时打掉下部老叶、病叶，以利通风透光和光合积累，减少病害发生。

七、病虫害发生与防治

番茄因栽培面积大，生长期长，病虫害发生种类较多，害虫传播病害，导致病虫害交叉发展。其中晚疫病、病毒病严重发生时能导致 60%以上的产量和经济损失。

病害包括细菌、真菌、病毒、线虫和生理病害。发生频率高、为害严重的有晚疫病、灰霉病、TYLCV-黄化卷叶病毒、TMV-花叶病毒、褪绿病毒，其次有早疫病、叶霉病、根结线虫病、灰叶斑病、茎基腐病、枯萎病、黄萎病、TSWV-番茄斑萎病毒。生理病害主要有筋腐病、激素为害、药害、脐腐病、缺素症、裂果。

虫害主要有蚜虫、白粉虱、棉铃虫、烟青虫和地下害虫。

病虫害防治，坚守“预防为主，综合防治”的原则，在实施栽培管理时把农业措施、物理措施、生物菌剂预防病虫害作为关键技术去实施。

八、采收

设施栽培番茄多为反季节栽培，采收期随着气候条件、温度管理、品种不同而有差异。一般从开花到果实成熟，早熟品种40~50d，中熟品种50~60d，晚熟品种70d左右。低温期为了提前上市，减少前期果实对植株的影响，可使用乙烯利催熟，不同茬次和时期催熟及采收方式如下。

成熟期为低温转高温季节，在果实达到重量标准且果色发白后（白熟期）可进行乙烯利人工催熟，果实转色后采收上市。

成熟期为高温转低温季节，前期可以使用乙烯利催熟，当棚内温度下降到2℃时，不用乙烯利人工催熟，直接采收后贮藏到经过消毒的室内或日光温室内，可延长贮藏和销售时间。贮藏温度要保持在10~12℃，相对湿度70%~80%，每周倒动1次，并挑选红熟果陆续上市。

成熟期为高温季节时，不用乙烯利催熟，防治果实软化，让自然着色到八至九成时采收后存放1~2d销售。

本地销售和低温期长途运输番茄于硬熟期采收；高温期长途运输番茄于转色期采收；贮存番茄可在绿熟期采收。

乙烯利催熟方法可以采用植株上涂果催红，采收后浸果催红，采收到上层果时可全株喷施催红。

生长期实行先采收后浇水，防止裂果。干燥有风的气候条件下，采收的番茄应码放铺有塑料薄膜或报纸的筐里，上边也要盖严，防止果面失水变软。

第五节 辣椒栽培技术

辣椒又称青椒、海椒、辣子等。属茄科辣椒属，为一年生或有限多年生草本植物。

辣椒原产于中南美洲的墨西哥、秘鲁等地，经丝绸之路于明朝末年传入我国。目前主要在四川、贵州、湖南、云南、陕西、河南、河北和内蒙古栽培。

辣椒的果实中辣椒素、维生素 C 的含量在蔬菜中均居第一位。还含有辣椒碱、二氢辣椒碱、挥发油、蛋白质、胡萝卜素、辣椒红素、维生素 B 及钙、磷、铁等营养成分。

一、生物学特性

辣椒株高 40~80cm，植株有根、茎、叶、花、果五部分组成。

1. 根

量少，入土浅，大多分布在 10~15cm 表土层中，根的再生能力弱，根茎处不易发生不定根。不耐旱也不抗涝。

2. 茎

直立，近无毛或微生柔毛，主茎基部各叶腋均可抽生侧枝，主茎长到 8~15 片叶时，茎端形成花芽，出现花蕾，蕾下抽生出 2~3 个枝条，枝条长出一叶，其顶端又出花蕾，蕾下再生二枝，若再往上生长，均为一叶一蕾二枝的规律，以双杈或三杈分枝持续生长。

3. 叶

互生，枝顶端节不伸长而成双生或簇生状，矩圆状卵形、卵形或卵状披针形，长 4~13cm，宽 1.5~4cm，全缘，顶端渐尖或急尖，基部狭楔形，叶柄长 4~7cm。

4. 花

单生，俯垂，花萼杯状，不显著 5 齿。花冠白色，裂片卵形，花药灰紫色。花分两种，一种是白的，一种是紫的，两种花都有 4~6 瓣花瓣。而且两种花结出来的辣椒也有所不同，紫花结出来的辣椒是紫的，而白花结出来的辣椒就是普通的红辣椒。

5. 果实

通常呈圆锥形或长圆形，未成熟时呈绿色，成熟后变成鲜红色、绿色或紫色，以红色最为常见。种子扁肾形，长 3~5mm，淡黄色。

生育期分为发芽期、幼苗期、开花期和结果期。催芽播种后一般5~8d出土为发芽期；出苗后形成第一片真叶，到花蕾显露为幼苗期；第一花穗到门椒坐住为开花期；坐果后到拔秧为结果期。

辣椒适宜的温度在15~34℃。种子发芽适宜温度25~30℃，发芽需要5~7d，低于15℃或高于35℃时种子不发芽。苗期要求温度较高，白天25~30℃，夜晚15~18℃最好，幼苗不耐低温，要注意防寒。辣椒如果在35℃时会造成落花落果。

辣椒对环境水分要求严格，即不耐旱也不耐涝，喜欢比较干爽的空气条件。

二、分类

作为果蔬栽培的辣椒可以按果实形状和着生方式分类。

1. 樱桃椒类

植株矮而开张，叶片细小，圆形、卵圆形或椭圆形，果小如樱桃，圆形或扁圆形，红、黄或微紫色，辣味甚强。用于制干辣椒或供观赏用。

2. 圆锥椒类

植株矮，果实小，为圆锥形，多向上生长，味辣，用于制作干辣椒。

3. 簇生椒类

叶狭长，果实簇生，向上生长，果色深红，果肉薄，辣味甚强，油分高，多作干辣椒栽培，晚熟，耐热，抗病毒力强。

4. 长椒类

植株中等，分枝性强，叶片较小或中等，果实一般下垂，为长角形，先端尖，微弯曲，似牛角、羊角、线形。果肉薄或厚，肉薄、辛辣味浓，供鲜食、干制、腌渍或制酱。

5. 甜柿椒类

植株高大，生长势强，分枝性较弱，叶片和果实均较大。果实为柿子形、苹果形和灯笼形。味甜，微辣或不辣，主要用于鲜食。

根据辣椒的生长分枝和结果习性也可分为无限生长类型、有限生长类型和部分有限生长类型。

三、栽培品种

目前，辣椒栽培品种有鲜食辣椒、干制辣椒、腌渍或制酱辣椒、观赏辣椒。在西北、西南及湖南等地喜爱栽培辣味强的品种，而华北、华东、华南及各大城市周边多种植辣味轻的品种或甜椒。同时，辣椒杂种优势极为明显，能显著增强抗病性，产量超双亲50%以上。

设施栽培中使用品种主要为杂交、鲜食青椒，品种繁多，主要有豫艺系列、湘研系列、洛椒系列、汴椒系列、螺丝椒系列。代表品种有辣椒早丰1号、湘研1号、湘研2号、湘研4号、汴椒1号、洛椒4号、苏椒5号、寿光羊角黄、保加利亚椒、荷兰37-72，日本长剑、格雷、长岛超大、墨秀大椒、墨秀红、墨玉、金福807等。甜椒有中椒3号、中椒2号、新牟农1号、塔兰多、富兰明高、红优美、豫艺大甜椒等。

四、栽培模式茬口安排

辣椒栽培因地区温度差异、土地或投资能力限制、土地茬口安排需要等因素影响，栽培时有露地栽培、设施栽培等不同模式，茬次较多。

辣椒产量高、生长期长，露地栽培采收期可从初夏开始，一直到初霜期。随着设施栽培的发展，一年四季均可生产。从播种至收获一般因温度和栽培模式变化差别较大，高温条件下时间短些，反之长些。

设施栽培辣椒以鲜食青椒为主，青椒为分批分次采收，采收标准不严，一般以果实充分长大，果皮坚实颜色加深有光泽为标准，所以生长期、采收期较长，温室栽培可根据生产需要延长陆续采收期。

五、育苗技术

辣椒健壮幼苗表现为子叶大小适宜，颜色形状正常，在长到8片真叶后脱落，真叶叶片舒展，颜色较深，有光泽，根系发达。

1. 育苗方式

辣椒育苗可以采用营养土育苗、育苗基质育苗，育苗方式可以选用苗床育苗、营养钵或育苗穴盘育苗。

辣椒育苗营养土标准为有机质含量1.5%以上，每千克含速效氮磷钾100~150mg、速效氮磷200mg、速效氮磷钾100mg以上，pH值6~7。根据配制主原料不同可选用以下三种方法：选3年以上没有种过茄果类的肥沃园土6份+充分腐熟的圈肥或堆肥4份；按每立方米加腐熟的人粪或鸡禽粪20kg左右，过磷酸钙0.50~1kg，草木灰30kg，经过晾晒、粉碎过筛充分混匀。选3年以上没有种过茄果类的肥沃园土10份+生物有机肥1份，加入适量氮磷钾速效肥，经过晾晒、粉碎过筛充分混匀。育苗基质+加入适量氮磷钾速效肥充分混匀。使用前两类的必要时在搅拌混合的同时，喷入杀菌和杀虫的农药进行消毒。配置好的营养土，直接铺到苗床里或装入营养钵、育苗盘。苗床用营养土的厚度8~10cm，每立方米苗床约需100kg。

2. 种子处理

首先将种子放在纸板或布垫上，在阳光下暴晒2h，促进后熟，提高发芽率，杀死种子表面携带的病原菌，然后浸种。常规浸种使用55~60℃的热水，水量相当于种子干重的6倍左右，不停地搅拌10~15min，待水温降到25~30℃后，继续浸泡8~12h。浸泡过程中漂去篦瘦种子，进行搓洗，冲净种子上的黏液和辣味。浸泡好后沥干进行催芽，催芽过程前期温度宜低些，一般是放在22~25℃的环境下，24h后再将温度提高到25~30℃，种子“露白”后再将温度降到20~25℃，进行蹲芽。催芽头1~2d要宁干勿湿，以保持氧气充足，利于代谢活动。从第3天开始，每天用温水淘洗种子1~2遍，控去多余水分后继续催芽。催芽过程中要每4~5h翻动1次种子，以利通气补充新鲜氧气。一般6~7d即可出芽。

3. 播种

辣椒不耐旱，使用营养土育苗时，播前要把苗床、营养钵或育苗盘的营养土浇透水。使用基质育苗时，播前要把基质用水拌匀，达到手握成团但不流水程度。

苗床按 10cm×10cm 播种，使用营养钵或育苗盘育苗时，选用 10cm×10cm 营养钵或 50 穴育苗盘。播种后还要在床面或钵盘面覆盖地膜进行保湿增温。

4. 播后出苗前管理

播后白天气温 25~28℃，地温 20℃左右，6~7d 即可出苗。温度低时必须充分利用各种增温保温措施，务求一次播种保全苗。当然过高的温度也会抑制种子发芽，因此在炎夏播种时，就需要通过遮阴、浇足底水来降低床温。种子拱土时床面的覆盖物要及时去除。

5. 出苗后管理

70%小苗拱土后，要趁叶片没有水滴时向苗床或钵盘撒细土 0.5cm 厚，以弥补保墒，防止幼苗露根。齐苗后且子叶已经展平，要在温度条件允许的情况下，使秧苗充分见光，同时要降低环境温度，白天 23~25℃，夜间 7~15℃，这样有利于子叶肥大。如果白天温度低于 15℃，夜间温度低于 5℃时，短期内会使幼苗停止生长，时间长了就会死苗。

心叶开始生长后可根据土壤墒情选在晴天上午浇水。夏季要及时浇水降温，但又不能过湿；冬季在浇足底水的情况下一般不浇水，如果土壤墒情差，可用喷壶洒水，如果太湿，可在苗间撒草木灰以去除多余水分。每次浇水后都要适当松土，但不要伤及根系。

大棚早春茬栽培和日光温室栽培育苗，要在幼苗 2 叶 1 心时分苗于 10cm×10cm 育苗钵或纸钵中，也可分苗于苗床土中，苗距 6cm×6cm，每穴 2~3 株。定植前 15~20d，可结合浇水给小苗追一次以速效氮为主的化肥，如用硝酸铵与磷酸二氢钾 2∶1 混合 500 倍液浇灌；定植前 6~10d 开始炼苗，白天 15~20℃，夜间 5~10℃，在小苗不受冻害的情况下，夜间要尽量降低温度。低温炼苗要逐步实行，切不可一步到位。用苗床育苗的，在定植前 4~6d，浇水割坨，土坨之间撒上细土，以减少水分蒸发。炼苗时间不能过长，以免营养土或基质过干，使叶片脱落，根系老化，对缓苗不利。

苗长势弱，叶色泛黄时，可以用0.5%磷酸二氢钾+0.2%尿素+0.2%活力素，进行叶面喷洒。徒长苗可以喷洒500mg/kg的矮壮素，或用5mg/kg的缩节胺控苗。

六、主要设施栽培技术

（一）早春茬栽培技术

1. 品种选择

要选用耐弱光、耐低温、不易徒长、连续坐果能力强的早熟或中熟高产品种。

2. 培育壮苗

12月上中旬在日光温室或大棚内育苗，苗龄90~100d。最好播在育苗穴盘内，上覆1cm厚细潮土，放在温室中，白天保持25~30℃，夜间不低于15℃，并保持一定湿度。待出芽后，适当降温，防止徒长。分苗后，白天棚温控制在25~28℃，3~5d后温度降至20~25℃，夜间不低于15℃。定植前7~10d，要低温炼苗。要求幼苗粗壮、色绿、全部现蕾、无病虫。

3. 科学定植

（1）整地施肥　前茬作物收获后要及时深耕晒垡。结合整地，每亩施腐熟的有机肥5 000~7 000kg、三元复合肥50kg、过磷酸钙50kg、硫酸钾20kg作底肥深耕细耙，整平种植地块。按1m 1垄打线，垄高10~15cm，垄上部宽35~40cm，底宽55~60cm。定植前5d覆70cm或80cm宽的地膜。

（2）适时定植　利用塑料大棚套小拱棚，夜盖草苫多层覆盖栽培时，2月中下旬定植。利用一般塑料大棚栽培时，3月上中旬定植。当棚室内10cm深处地温稳定在10~12℃即可定植。

定植密度，每垄栽2行，垄上行距50cm，株距33~40cm，1穴2株。定植后立即浇水。

4. 定植后管理

（1）温度管理　定植后棚室严密覆盖塑料薄膜，必要时夜间加盖草苫，白天温度控制在25～30℃，夜间18～20℃。5～7d缓苗后，适当通风，白天温度控制在23～28℃，夜间15～18℃。开花结果期白天保持25～28℃，夜间18～20℃，夜温不能低于15℃，以防因低温造成受精不良。生长中后期，随着外界气温升高，应逐渐加大通风量，防止高温灼伤植株。当外界白天气温稳定在25℃左右，夜间在15℃以上时，可昼夜通风，逐步撤除草苫、塑料薄膜。5月上中旬可全部拆除。

（2）水肥管理　定植缓苗后，根据土壤墒情可再浇1次水即开始蹲苗。辣椒根系较弱，蹲苗不宜过度，蹲苗期间尽量少浇水，若土壤干旱可浇1次小水。待门椒坐住后，开始大量浇水追肥。开花结果期应保持土壤湿润，一般5～7d浇1次水。

开花前，如土壤缺肥，可追1次肥，每亩施复合肥或尿素10kg，门椒坐住后追第2次肥，亩施复合肥20kg。此后每隔10～15d追1次肥，每次每亩施复合肥10～20kg。追肥后立即浇水。

（3）植株管理　头茬果坐好后，适当摘除分杈以下的侧枝，去除结果枝上过密的侧枝，在满足叶片光合作用效果的同时，提高主枝营养，促进果实发育。生长后期，枝叶过密时，可及时分批摘除下部的枯叶、老叶、黄叶及采后的果枝，以利通风透光，提高坐果率。

保护地栽培的植株生长旺盛，植株高大，遇风雨易发生倒伏，要及时采取措施防倒伏，可在每行植株两侧拉铁丝或设立支架，将几条骨干枝绑缚到铁丝或支架上。

（4）花果管理　开花初期，为防止落花，提高坐果率，可用10～15mg/kg的2,4-D或20～30mg/kg的防落素蘸花。由于春大棚早春茬辣椒早期价格较高，可根据果实生长情况选择市场价格较高时及时上市。门椒宜早采，以免坠秧。

（二）大棚秋延后栽培技术

特点是在塑料大棚内进行反季节夏播、秋栽、冬季收获。全生育期温度由高到低，前期天气炎热高温、暴雨频繁高湿，栽培管理稍有疏忽，易诱发疫病和病毒病大发生，造成大幅度减产，甚至绝收；中期气温比较适宜，但是开花结果及果实生长的适宜温度时间短；后期保果阶段又是严冬季节，防寒保温措施要得力，否则，辣椒果实易受冻害。

1. 品种选择

秋延后辣椒栽培要求品种耐热、抗寒性强、耐高湿、高抗病毒病，株型紧凑、挂果率高、坐果集中，丰产性好，果大肉厚，红熟速度慢，整齐坚韧、耐贮运、颜色鲜艳的早熟或中晚熟品种。

2. 培育壮苗

可采用育苗基质或营养土装育苗穴盘或苗床营养土方块育苗，苗期生长时间较短，不用分苗，可使用50孔育苗穴盘。生长前期高温高湿，有利于出苗，但易发生病毒病，种子浸种后再用10%的磷酸三钠水溶液、0.5%的高锰酸钾溶液或2%的氢氧化钠水溶液浸泡15min，用清水冲洗数遍，不用催芽直接播种，每穴2粒。

在苗床搭小拱棚，顶部覆盖农膜防雨淋，农膜上加盖遮阳网或覆盖草苫遮阴降温。70%破土时，应立即把苗床上的地膜、草苫等覆盖物揭掉。为预防猝倒病和立枯病的发生可以用75%的敌磺钠或75%的百菌清或甲基硫菌灵等杀菌剂500倍溶液重喷一遍，包括幼苗及地面，等叶面干燥后覆盖一层营养土，防止幼苗露根倒伏。以后要拔除苗子周围杂草，悬挂粘虫板诱杀蚜虫、白粉虱和蓟马，必要时喷洒杀虫剂、杀菌剂和预防病毒的药剂防治和预防病虫害发生；见湿见干浇水，可隔4~5d浇水1次，严防苗徒长。

3. 科学定植

(1) 整地起垄　秋延后生长期较短，前期生长快，结果早，有机基肥可以适当减量使用，每亩施入3 000~4 000kg，增施复合肥，每亩50kg。定植后及生长前期为高温多雨季节，整地时将全部有机肥及化肥和农药的2/3撒施，深翻25~30cm后整平。按90~100cm垄距作垄，垄宽50cm，高15~20cm，覆盖黑色农膜。有条件的可以先铺设微滴灌管道再覆膜。

（2）适时定植　定植一般在处暑前后完成。苗龄35d左右，选择茎短粗，节间短，苗高不超过20~25cm，叶片厚，深绿色且有光泽的植株。根系发达，侧根数量多，且呈白色。全株发育平衡，具有8~12片真叶，晚熟品种真叶可达13~14片叶，此时已能看到第一花序的花蕾。

定植前一天将苗床灌一次透水，有利于起苗和防止伤根，1 000倍的高锰酸钾溶液喷一遍，可避免病菌、病毒随苗带入大田。

定植前先搭好棚膜，以防止阳光暴晒或雨淋。定植时在垄两侧半坡挖穴，保持垄上行距40cm，穴距35~40cm，定植后浇一次透水。

4. 定植后管理

（1）温度管理　辣椒定植后外界气温较高，此时应将顶棚膜保留，四周棚膜完全揭起，确保通风透气，由于顶棚膜的遮光白天又可降低棚内温度。立秋后外界气温适宜于辣椒生长，应维持白天26~28℃，夜间16~18℃，以促进辣椒迅速生长及果实膨大。

当棚内夜间气温高于15℃时，昼夜尽可放风，促进植株健壮，减少落花、落果现象。当夜间棚内气温降至15℃以下时，夜间把棚膜和棚门盖严，只能在白天气温高时，适量放风，使棚温保持在20~25℃，以利于果实的膨大。当夜间棚内最低气温降至10℃，应立即加扣小拱棚，进行防寒保温。若来不及加扣小拱棚，可用塑料薄膜在辣椒上再覆盖一层以免冻坏，确保部分幼果膨大、生长，增加产量。但在晴天中午时还应在背风处进行短期放风，排除棚内有害气体、补充氧气和二氧化碳、降低棚内湿度，减少病害发生。

（2）水肥管理　在定植时浇一次定根水，定植后第3d浇一次缓苗水。随后及时中耕松土，培土封沟，培土后把原来的定植沟变成垄，原来的垄背成沟，但培土不可过高，以13~15cm为宜。培土封沟后要适当蹲苗防植株徒长。

当第一层果实达到2~3cm大小时，植株茎叶和花果同时生长，要及时浇水和追肥，每亩施腐熟人粪尿500~1 000kg或尿素10kg，施肥后应及时中耕，改善土壤的通透性，并提高土壤的保肥能力。进入盛果期要加强水肥管理，促进辣椒多结果，增加产量。一般浇水3~4次，追施硝酸磷肥1~2次，每次每亩20kg。

9月下旬以后因天气转凉，浇水间隔时间应适当延长。

(3) 植株管理　秋延后辣椒定植后，辣椒初花期生长过旺徒长时可用多效唑、矮壮素或缩节胺等植物生长调节剂进行化控。一般经过50~60d即可采收上市，如当时价格合理，可以将门椒及对椒摘掉销售，可以减轻植株的负担，有利于门椒以上的果实膨大生长。进入盛果期以后，要摘除内膛徒长长枝，打掉下部老叶。拉秧前15~20d摘心，使养分回流，促进较小果尽快发育成具有商品价值的果实。

(4) 花果管理　为提高秋延后大棚辣椒的坐果率，也可用生长素（2,4-D或防落素）处理，保花保果效果较好，2,4-D浓度为15~20mg/kg，10时以前抹花效果比较好。

后期果实遇到价格较低时可不采收，采用保留在植株上在棚内贮藏保鲜。在贮藏保鲜前先把大棚内拱棚草苫掀掉，预冷2~3d，让辣椒体温尽快冷却到所规定的温度范围，扣棚盖苫后使长成的辣椒留在植株上在拱棚内保鲜，将无果枝及嫩头剪除，用甲基硫菌灵、多菌灵800倍水溶液喷一遍，一定要将棵秧和果实喷透，再浇一次小水，棚内温度保持3~7℃即可，每隔10d检查1次，在高于10℃以上时，要进行短期放风，低于3℃时加盖薄膜或草苫。每天揭开小拱棚上的草苫，可延长到元旦、春节采收上市，可分批上市，也可一次性收获供应节日市场。

（三）温室秋冬茬栽培技术

1. 品种选择

应选择适宜的品种并采取相应的保护措施，才能达到理想产量，较高效益。

2. 培育壮苗

中原地区播种期为7月15—25日，最晚7月底。可采用育苗基质或营养土装育苗穴盘或苗床营养土方块育苗，苗期生长时间较短，不用分苗，可使用50孔育苗穴盘。考虑生长前期高温高湿，有利于出苗，但易发生病毒病，种子浸种后再用10%的磷酸三钠水溶液、0.5%的高锰酸钾溶液或2%的氢氧化钠水溶液浸泡15min，用清水冲洗数遍，不用催芽直接播种，每穴2粒。

在苗床上搭小拱棚，顶部覆盖农膜防雨淋，农膜上加盖遮阳网或覆盖草苫遮阴降温。种子70%破土时，应立即把苗床上的地膜、草苫等覆盖物揭掉。为预防猝倒病和立枯病的发生可以用75%的敌磺钠或75%的百菌清或甲基硫菌灵等杀菌剂500倍溶液重喷一遍，包括幼苗及地面，然后覆盖一层营养土，防止幼苗露根倒伏。以后要拔除苗子周围杂草，悬挂粘虫板诱杀蚜虫、白粉虱和蓟马，必要时喷洒杀虫剂、杀菌剂和预防病毒的药剂防治和预防病虫害发生，见湿见干浇水，严防苗徒长。

3. 科学定植

(1) 整地起垄　定植前提前深耕土壤30cm，进行晒垡。定植时，整地以亩施优质腐熟农家肥4 000~5 000kg，辣椒前期植株生长快、结果早，增大复合肥用量，每亩50kg。然后再深耕细耙后起垄。采取高垄栽培，按100~110cm间距起垄，垄宽60cm，垄高15~20cm。

(2) 适时定植　8月下旬至9月初定植。苗龄40~50d，选择8~10片真叶，茎短粗，节间短，叶片厚，深绿色且有光泽，根系发达，侧根数量多，且呈白色，全株发育平衡的健康植株。株距35~40cm，一穴双株。要选阴天或晴天下午定植，定植深度以刚好封住苗带营养土或基质为宜，定植时要逐穴浇足水，定植结束后要及时将滴灌管铺设到幼苗根部，如无滴灌设施，可在窄行间覆盖黑色地膜以备膜下暗灌，起到降低湿度、防止病害发生的作用。

4. 定植后管理

(1) 温度管理　辣椒适宜的生长温度白天为25~28℃，夜间15~18℃。中原地区前期以遮光降温为主，使棚温不超过30℃，防止高温干旱引起植株生长和病毒病的发生和传播。9月下旬以后，外界温度开始稍低于辣椒所需的温度，同时辣椒进入坐果的重要时期，夜里可全覆盖好，以防低温，白天晴天仍要放风降温，保持好辣椒所需的适宜温度。10 月底和 11 月初温度低于 15℃时要开始加盖草苫或棉被，白天温度不到 28℃时不放风，但晴天要早掀草苫或棉被毡，接受太阳的短波辐射，使棚温尽早上升。遇阴雨雪天白天也要揭毡，可适当晚揭早盖。

（2）水肥管理　定植后 5~7d 浇 1 次水利于缓苗。缓苗以后适当控水，浅中耕，培土，促进根系发育。门椒坐住后，开始浇水追肥，每次结合浇水亩追施氮、磷、钾三元复合肥 10kg。植株大量结果后，加大肥水量，每亩每次追施氮、磷、钾三元复合肥 20kg。随着气温的降低，浇水的次数也应明显减少，以利提高地温，降低温室内空气湿度和病害发生率，提高果实品质。温室内相对湿度保持在 70%~80%，在浇水后空气湿度超过 80%时，也需及时放风以减少病害的发生。

（3）光照管理　定植后至开花坐果前，在加盖防虫网的基础上，晴天 10—16 时仍须在温室上面覆盖遮阳率 40%~60%的遮阳网。9 月中下旬至 10 月上中旬是开花坐果的高峰期，要根据天气变化调整遮阳网的使用，以利坐果。11 月上旬加盖草苫或棉被等保温材料，草苫要早揭晚盖，尽量延长室内采光时间。

（4）植株管理　为防止植株倒伏，坠断果枝，在开花坐果前要搭架。一般用竹竿插在植株周围绑枝固定，或采用塑料绳吊株来固定植株，每个主枝用 1 条塑料绳固定。及时将门椒以下侧枝摘除。10 月底以后开花结的果实已不能长大，可以在 10 月底摘顶心，促使已结果实的膨大。当辣椒初花期生长过旺徒长时，可用多效唑、矮壮素或缩节胺等植物生长调节剂进行化控。

（5）花果管理　为提高秋延后大棚辣椒的坐果率，也可用生长素 2,4-D 或防落素处理，保花保果效果较好，2,4-D 浓度为 15~20mg/kg，10 时以前抹花效果比较好。10 月底、11 月上旬开始采收，可以通过降低温室内的温度和控水的办法来推迟果实的采收。夜温过低时，需临时加温，防止植株受冻，持续到春节上市。门椒和对椒可适当早摘，有利于促使植株生长和上部结果。采摘时间以早晨为宜。

（四）温室越冬茬栽培技术

1. 品种选择

温室越冬茬辣椒栽培收获期长，产量高，在保温性能优良的日光温室中，12 月中下旬开始采收，如管理得当，可以一直采收到翌年的秋季。

生长期要经过整个冬季，使用品种应选择耐低温、耐弱光、易坐果、果肉厚、个大、有光泽、品质好、丰产、抗病性强，适应日光温室栽培的大果型品种。亩用种量 75g。

2. 培育壮苗

中原地区播种期为 7 月下旬至 8 月上旬，可采用育苗基质或营养土装育苗穴盘、营养钵或营养土方块育苗。考虑生长前期高温高湿，有利于种子发芽和出苗，但易发生病毒病，浸种后，再用 10%的磷酸三钠溶液、0.5%的高锰酸钾溶液或 2%的氢氧化钠溶液浸泡 15min，用清水冲洗数遍，不用催芽直接播种，每穴 2 粒，不需要分苗。

在苗床上搭小拱棚，顶部覆盖农膜防雨淋，农膜上加盖遮阳网或覆盖草苫遮阴降温。种子 70%破土时，应立即把苗床上的地膜、草苫等覆盖物揭掉。为预防猝倒病和立枯病的发生可以用 75%的敌磺钠或 75%的百菌清或甲基硫菌灵等杀菌剂 500 倍溶液重喷一遍，包括幼苗及地面，然后覆盖一层营养土，防止幼苗露根倒伏。以后要拔除苗子周围杂草，悬挂粘虫板诱杀蚜虫、白粉虱和蓟马，必要时喷洒杀虫剂、杀菌剂和预防病毒的药剂防治和预防病虫害发生；见湿见干浇水，严防苗徒长。

3. 科学定植

（1）整地起垄　定植前提前把土壤深耕 30cm，进行晒垡。越冬茬生长期较长，要增施基肥，于定植前 10d 亩施优质腐熟农家肥 10 000kg 以上、三元复合肥 50kg、过磷酸钙 100kg、硫酸钾 30kg，地要整平，深耕细耙，扣上棚膜，高温闷棚。采取高垄栽培，按大行距65~70cm，小行距40~45cm划线起垄，垄高10~15cm。

（2）适时定植 9月中下旬定植，苗期45d左右，要选健壮植株在阴天或晴天下午定植，一穴双株，株距35~40cm，定植深度以刚好封住苗且带营养土或基质为宜，定植时要逐穴浇足水。在窄行间覆盖地膜以备膜下暗灌，有条件的可铺设滴灌设施，采用微滴灌。

4. 定植后管理

（1）温度管理 定植后闭棚提温，昼温宜控制在26~30℃，夜温18~20℃，一般6~7d即可缓苗。缓苗后，白天控制在25℃左右，夜间15~18℃。进入开花结果期，应做好调温增光工作，在11月至12月上旬前草苫或棉被早揭晚盖，达到昼温25~27℃，夜温15~17℃，有10℃左右的温差较为理想；12月至翌年1月为最寒冷季节，此期应做好防低温寒流工作草苫或棉被适当晚揭早盖。翌春，外界温度升高，应注意通风防止高温灼伤及高温条件下造成徒长引起落花落果。随天气的转暖要逐渐加大通风量，到4月上中旬可以不盖草苫。

（2）光照管理 进入12月以后，随着外界光照时间的缩短，光照强度变弱，有条件者后墙可张挂反光幕改善棚内光照。经常清洁棚膜以增加透光率。连续阴冷天气后骤然转晴，不可急于揭苫，而应分次逐渐揭去草苫，若出现萎蔫，应进行回苫管理，直到植株恢复正常。长季节栽培5月以后为防止高温和强光为害，可在棚架上覆盖遮阳网。

（3）水肥管理 定植缓苗后，温室内气温较低，蒸发量不大，应尽量少浇水。如干旱，浇水应在晴天上午进行，浇水后扣严塑料薄膜，提高地温。下午通风，排出湿气，降低空气湿度。深冬季节若出现缺水，应浇小水，不可大水漫灌。第一果坐住前，尽量不浇水。以免植株徒长，造成落花落果。翌春，外界渐暖，应增加浇水。

第一果坐住后，结合浇水追复合肥，每亩施10~15kg。12月至翌年1月，不浇水也不追肥。翌春之后，每隔15~20d追1次肥，每次每亩施复合肥20kg。追肥后立即浇水。

（4）植株管理　为防止植株倒伏，坠断果枝，在开花坐果前要搭架。一般用竹竿插在植株周围绑枝固定，或采用塑料绳吊株来固定植株，每个主枝用 1 条塑料绳固定。及时将门椒以下侧枝摘除。

（5）花果管理　果实充分肥大，皮色转浓，果实坚硬有光泽时采收，应用剪刀剪断果柄采收。

（五）温室冬春茬栽培技术

日光温室冬春茬栽培类似于大棚早春茬栽培。考虑温室越冬效果优于大棚，所以，栽培时间适当提前，育苗时间放在 10 月下旬到 11 月上旬，定植时间为 1 月下旬，3 月大棚辣椒定植前后开始采收。

1. 品种选择

要选用耐弱光、耐低温、不易徒长、连续坐果能力强、果实膨大快、果个较大的早熟或中熟高产品种。

2. 培育壮苗

播种出苗后即进入低温期，育苗应选择日光温室育苗。最好播在育苗盘内，上覆 1cm 厚细潮土或基质，放在温室中，白天保持 28～33℃，夜间在 18～20℃，并保持一定湿度。待出芽后，适当降温，防止徒长。幼苗 2 叶 1 心时分苗于 10cm 育苗钵或纸钵中，也可分苗于苗床土中，苗距 6cm×6cm，每穴 2 株。分苗后，白天棚温控制在 28～30℃，促进生根缓苗。7～10d 后温度降至 20～25℃，夜间不低于 15℃，以便保持秧苗健壮生长、防治徒长。定植前 10d 左右，要低温炼苗。要求幼苗粗壮、色绿、全部现蕾、无病虫。

3. 科学定植

（1）整地施肥　前茬作物收获后要及时深耕晒垡。冬春茬生长期较长，要增施基肥，亩施优质腐熟农家肥 10 000kg 以上、三元复合肥 50kg、过磷酸钙 100kg、硫酸钾 30kg，深耕细耙整平，扣上棚膜，高温闷棚。采取高垄栽培，按 1m 1 垄打线，垄高 10～15cm，垄上部宽 35～40cm，底宽 55～60cm。定植前 5d 覆 70cm 或 80cm 宽的地膜。

（2）适时定植　定植时间为 1 月下旬，此时正是低温季节，定植前先行闷棚，晚上覆盖棉被或草苫，使温室内气温和地温升高，以10cm深处地温稳定在10～12℃即可定植。每垄栽2行，垄上行距40cm，株距33～40cm，1穴2株。定植后穴浇水，如果条件允许使用微滴灌带浇水。

4. 定植后管理

（1）温度调节　定植初期温室严密覆盖塑料薄膜，夜间加盖草苫或棉被，白天不放风或少放风，使白天温度达到28～35℃，夜间温度18～20℃，促进返苗。返苗后长出新叶时白天适当放风，白天温度控制在23～28℃，夜间温度15～18℃，开花结果期白天保持25～30℃，夜间温度18～20℃，夜温不能低于15℃，以防因低温造成受精不良。生长中后期，随着外界气温升高，应逐渐加大通风量，防治高温灼伤植株。当外界白天气温稳定在25℃左右，夜间在15℃以上时，可昼夜通风，逐步撤除草苫或棉被。

（2）水肥管理　定植缓苗后，根据土壤墒情可再浇一次水，即开始蹲苗。辣椒根系较弱，蹲苗不宜过度，蹲苗期间尽量少浇水，若土壤干旱可浇1次小水。待门椒坐住后，增大浇水量，开花结果期应保持土壤湿润，见干见湿，一般5～7d浇1次水，但严禁大水漫灌。进入春季之后，随着温度升高，植株生长和结果速度加快，要勤浇水。

正常情况下，前期不用追肥，如底肥不够导致土壤缺肥时，可在开花期追1次肥，每亩施复合肥或尿素10kg，门椒坐住后追第2次肥，亩施复合肥20kg。此后每隔10～15d追1次肥，每次每亩施复合肥10～20kg。追肥后立即浇水。

（3）植株管理　头茬果坐好后，适当摘除分杈以下的侧枝、去除结果枝上过密的侧枝，在满足叶片光合作用效果的同时，提高主枝营养，促进果实发育。进入春季后，生长旺盛，形成枝叶过密状态，要及时分批摘除下部的枯叶、老叶、黄叶及采后的果枝，以利通风透光，提高坐果率。

越冬茬栽培生长期长，进入春季后会旺盛生长，植株高大，遇风雨易发生倒伏，要及时采取措施防倒伏，可在每行植株两侧拉铁丝或设立支架，将几条骨干枝绑缚到铁丝或支架上。

（4）花果管理　初期开花时温度较低，为防止落花，提高坐果率，可用10~15mg/kg的2,4-D或20~30mg/kg的防落素蘸花。由于冬春茬辣椒早期价格较高，可根据果实生长情况选择市场价格较高时及时上市。门椒宜早采，以免坠秧。

七、病虫害防治

辣椒病害主要有病毒病；苗期猝倒病、立枯病和疫病、炭疽病、灰霉病、根腐病、白粉病等真菌性病害；叶斑病、软腐病、疮痂病和青枯病等细菌性病害；温湿度不适和雨涝引起的落花、落果、落叶、果实腐烂和死棵等生理病害。虫害主要有地下害虫、蚜虫、白粉虱、蓟马、茶黄螨、棉铃虫和烟青虫，可采用农业和物理措施、生物和化学农药防治，特别是蚜虫、白粉虱要积极预防，发现有发生时及时喷药防治，以防它们自身为害和传播病毒病。

八、采收

根据辣椒果实特性，采收没有明确的生物学时限，要根据综合情况适时采收，达到效益好、产量高的目的。早春栽培、采收早可提前上市，但采收过早，市价虽高，产量太低，采收过晚，产量虽高，价格低。所以一般的采收原则是门椒（第一个果）要早，门椒不及时采收势必影响上部果的生长，门椒采收后，上部的果实也要适当收获，当果实颜色由浅绿变绿时采收比较适宜。这时果子达到一定的重量，而且所含的营养比较齐全。秋延后栽培，用于贮存的可尽量晚些采收。

第六节　茄子栽培技术

茄子属于茄科茄属植物，为直立分枝草本至亚灌木植物。

茄子原产亚洲热带，在全世界广泛分布，以亚洲栽培最多，占世界总产量74%左右，欧洲次之，占14%左右。中国各地均有栽培，为夏季主要蔬菜之一。

茄子每100g嫩果含水量93～94g，碳水化合物3.1g，蛋白质2.3g，还含有少量特殊苦味物质茄碱苷，有降低胆固醇、增强肝脏生理功能的功效。食用幼嫩浆果，可炒、煮、煎食、干制、盐渍和鲜食。根、茎、叶入药，为收敛剂利尿，叶还有麻醉功效。种子为消肿药，也用为刺激剂。

一、生物学特性

茄子植株高可达1m。小枝，叶柄及花梗均具短柄的星状茸毛，小枝多为紫色，渐老则毛被逐渐脱落。

1. 叶

叶大，卵形至长圆卵形，长8～18cm或更长，宽5～11cm或更宽，先端钝，基部不相等，边缘浅波状或深波状圆裂，上面被较短而平贴的星状茸毛，下面密被较长而平贴的星状茸毛，侧脉每边4～5条，在上面疏被星状茸毛，在下面则较密，中脉的毛被与侧脉的相同，叶柄长2～4.5cm。

2. 花

能孕花单生，花柄长1～1.8cm，毛被较密，花后常下垂，不孕花蝎尾状与能孕花并出；萼近钟形，直径约2.5cm或稍大，外面密被与花梗相似的星状茸毛及小皮刺，皮刺长约3mm，萼裂片披针形，先端锐尖，内面疏被星状茸毛，花冠辐状，外面星状毛被较密，内面仅裂片先端疏被星状茸毛，花冠筒长约2mm，冠檐长约2.1cm，裂片三角形，长约 1cm；花丝长约 2.5mm，花药长约 7.5mm；子房圆形，顶端密被星状毛，花柱长 4~7mm，中部以下被星状茸毛，柱头浅裂。花的颜色有白花，紫花。果的形状大小变异极大。果的形状有长或圆，颜色有白、红、紫等。

茄子生长要求温度较高。出苗前要求 25~30℃，出苗至真叶显露要求白天为 20℃左右，夜间 15℃左右。发芽期 10~12d。温度过低，发芽和生长受抑制，温度过高，胚轴徒长，秧苗较弱。幼苗期白天适温 20~25℃，夜间 15~18℃。在强光照和 9~12h 短日照条件下，幼苗发育快，花芽出现早。结果期茎叶和果实生长适温为白天 25~30℃，夜间 16~20℃。在适宜温度条件下，果实生长 15d 左右达到商品成熟。受精后子房膨大露出花萼时称为“瞪眼”，瞪眼前果实以细胞分裂、增加细胞数为主，果实生长缓慢，瞪眼后果肉细胞膨大，果实迅速生长，整个植株进入果实生长为主的时期。温度低于 15℃时果实生长缓慢，低于 10℃时生长停滞，高于 35~40℃时，茎叶虽能正常生长，但花器发育受阻，果实畸形或落花落果。遇霜植株冻死。

茄子要求中等程度光照，光饱和点为 4 万 lx，补偿点 2 万 lx。光照充足，果皮有光泽，皮色鲜艳；光照弱，落花率高，畸形果多，皮色暗。

茄子喜温，不耐霜冻。中国华南地区和台湾全年栽培；长江流域、华北地区于终霜后露地育苗，或终霜前 2~3 个月于冷床、温床育苗，终霜后露地定植；东北、西北等无霜期不足 150d 的寒冷地区，都于终霜前在温室外或温床育苗，春末夏初定植。

茄子耐旱力弱，生长期长，宜在土层深厚、保水性强、pH 值 5.8~7.3 的肥沃壤土或黏壤土种植。

二、分类

目前，栽培中有鲜食茄子和观赏茄子，从植物学上分，将茄子分为以下 3 个变种。

1. 圆茄

植株高大，果实大，圆球、扁球或椭圆球形，皮色紫、黑紫、红紫或绿白，不耐湿热。

2. 长茄

植株长势中等，果实细长棒状，长达 30cm 以上，皮色紫、绿或淡绿，耐湿热。

3. 矮茄

植株较矮，果实小，卵形或长卵形。种子较多，品质劣，多为早熟品种，主要做观赏用。

三、栽培品种

作为蔬菜栽培的茄子品种主要有北京大红袍、六叶茄、九叶茄、山东大红袍、天津二敏茄、南京紫线茄、北京线茄、广东紫茄、成都黑茄、湘茄一号、渝早茄 1 号、紫龙 4 号、闽茄一号、引茄 1 号、鄂茄一号、新茄 3 号、黑龙长茄、蒙茄 3 号、丰研 2 号、辽茄 1 号、吉茄二号、上海杂交条茄、鄂茄 2 号、郑研紫冠、郑研早紫茄、郑研早青茄、新乡糙青茄等品种。

四、栽培模式

茄子喜高温，对光照时间强度要求都较高。中原地区一般以春夏季栽培为主。随着设施栽培发展，栽培模式增多。

五、育苗技术

1. 育苗方式

茄子育苗可以采用营养土育苗和育苗基质育苗。育苗方式可以选用苗床育苗和育苗穴盘育苗。大棚早春茬栽培育苗处于低温期，苗期长，育苗方式最好选用苗床撒播或育苗穴盘播种，中间分苗到苗床或营养钵中。大棚秋延后和温室冬春茬育苗时，温度比较高，苗期短，不需要分苗，可以直接采用苗床或营养钵穴播。

（1）苗床制作　育苗畦以东西向延长，畦长 3~5m，畦宽 1.2~1.5m。营养土必须透气性好，含有幼苗生长所需要的各种营养成分。栽培 1 亩茄子，需要种子 40~50g，需要苗床 5m² 左右。铺床方法是先铺一层黏重土壤，耙平踩实，上面铺 3~5cm 厚的营养土。

（2）营养土配制　营养土配制有 2 种办法，一是用 5~7 年未种茄果类的肥沃田园土 70%，腐熟有机肥 20%，加 10%的草木灰，过筛充分混拌而成。二是取 5~7 年未种茄果类的肥沃田园土 5 份，腐熟马粪 4 份，炉渣 1 份，每立方米加入磷酸二氢铵 2kg，充分混合、碾碎、过筛。两者都要拌入甲基硫菌灵或敌菌灵或敌磺钠、五氯硝基苯、多·福等消毒杀菌。

2. 种子处理

可采用温汤浸种或药剂处理达到消毒的目的。方法是将种子放入 55℃水中，不断搅拌，直至降到 25℃左右时开始浸泡 10~12h，其间要不断洗种子，把黏液除掉，以加快吸水和呼吸，促进发芽。浸种完毕，用高锰酸钾 1 000 倍液处理 15~20min，用清水清洗干净沥干，将种子包于干净的湿布中，28~30℃催芽。若采取变温处理，每天 16h 30℃和 8h 20℃交替变温处理，则出芽整齐、粗壮。

3. 播种

催芽至 75%以上种子露白后进行播种。使用营养土育苗时先将苗床或育苗穴盘内营养土浇透水，待水渗透完后将催过芽的种子均匀撒播床面上、点播营养钵或育苗穴盘内，再盖 1cm 厚的营养土。使用育苗基质育苗时，先将基质拌匀水分，再装育苗穴盘或营养钵，将催过芽的种子点播后，再盖 1cm 厚的基质。

4. 播后出苗前管理

播种后在床面、育苗穴盘或营养钵表面覆盖农膜，保持湿度；根据育苗时环境条件，选用覆盖农膜或遮阳网调节苗床温度促进出苗，白天温度应维持在 25~28℃，夜间温度 15~18℃。

5. 出苗后管理

待 80%出苗后及时揭去地膜，齐苗后趁叶片没有水滴时向苗床或钵盘撒细土 0.5cm 厚，以弥补保墒，防止幼苗露根。齐苗且子叶已经展平后，要在温度条件允许的情况下，使秧苗充分见光并注意放风，降低温度和湿度，防止猝倒病、立枯病等苗期病害发生。

大棚早春茬栽培需在 2～3 片真叶时进行分苗，分苗床土厚 8～10cm，分苗密度为 10cm×10cm，还可分苗于直径 10cm 的营养钵中。把营养土或育苗基质装入钵中，用手指在中央插个孔，把苗插入孔中，然后封孔浇透水。分苗后，将床面加盖小拱棚提高温度，尽快恢复根系生长，促进缓苗。一般 5～7d 即可恢复生长。随后幼苗进入花芽分化阶段，要求适当降低温度，白天温度维持在 25～27℃，夜间 15℃左右。定植前 10d，苗床要浇 1 次透水，第 2d 切苗坨，并向坨间撒细潮土进行囤苗。营养钵育苗时只需挪动一下营养钵，以切断伸向钵外的根系。待秧苗根系愈合后，逐渐加大通风量，降温排湿，进行秧苗锻炼，以增强苗子的适应性。

苗床水分管理以满足秧苗对水分的需要为原则，既不要浇水过多，也不要过分控制水分。在秧苗正常生长的情况下以保持畦面见干见湿为原则。

如果床土有机肥充足，秧苗生长正常，一般不需追肥。如发现苗颜色淡绿，秧苗细弱，可用温水将磷酸二氢钾和尿素按 1∶1 比例溶解后配成 0.3%溶液用喷壶喷洒。

六、主要设施栽培技术

（一）大棚早春茬栽培技术

1. 品种选择

早春栽培要选择耐低温和弱光、生育速度快的早熟或中早熟品种，抗病性抗逆性强、品质优、产量高的抗病丰产优良品种。

2. 培育壮苗

日历苗龄 80～90d。壮苗指标为 8～9 片真叶展开，株高 18～20cm，茎粗 0.5～0.7cm，叶片肥厚深绿，70%以上现蕾，根系发达，达到上述要求可定植。

中原地区一般11月下旬播种。育苗期间正值低温季节，要求在加温温室或日光温室铺地热线育苗，并在苗床上加盖小拱棚覆膜，确保育苗温度。播种可选用育苗床或育苗穴盘。待长出2~3片真叶时分苗到育苗床或营养钵中，持续在日光温室中生长到定植期。

3. 科学定植

（1）整地施肥　茄子忌连作，要求富含有机质、排水良好，保水保肥能力比较强的壤土。耕翻深度达到25cm以上，整平耙细。在定植前30~50d扣棚，扣棚后10~15d开始整地。茄子喜肥耐肥，一般亩施5 000kg腐熟有机肥，氮磷钾复合肥40kg，先按70%的量均匀撒施，结合整地翻入土中。定植前按70cm间距开沟，沟宽50cm，沟深15cm，把剩余肥料均匀地施在沟内后封垄。垄高20cm，宽60cm。垄上覆盖地膜。

（2）适时定植　由于茄子生长发育适温要求较高，当棚内10cm地温稳定达到10℃以上，大棚内白天气温达20℃、夜间最低气温达10℃以上时方可定植。选冷尾暖头晴天上午栽苗。按垄上行距40cm，株距30~35cm的密度定植，每亩3 000~3 500株。定植时埋土不宜过深，以封住苗带营养土或基质为宜，定植后随沟浇水。

4. 定植后的管理

（1）温度管理　定植后一周内不通风或少通风，白天保持25~30℃，促使地温提高，促进缓苗。秧苗恢复生长后，应适当通风降温，以防苗子徒长。进入结果期后，随着外界温度的升高和浇水量的增大，开始加大通风量。

（2）水肥管理　定植后1周浇1小水，即缓苗水。以后以控水蹲苗为主，促进根系发育。待大部分门茄开始膨大时，结束蹲苗，结合浇催果水施入少量速效化肥。之后每隔10d左右结合浇水冲施肥1次，每次每亩追尿素15~20kg。结果期还应加强叶面追肥，可交替喷洒1 000倍的尿素液、1 000倍的磷酸二氢钾液，或丰产素、叶面宝等专用叶面肥，补充根吸收的不足，延缓植株的衰老。

（3）植株管理　进入生长中期后，进入生长中期后，植株下部老叶逐渐失去同化能力，且易感病，要及时摘去这些老黄叶，以利通风，改善透光条件。高密度栽培的应进行疏枝疏棵。对茄采收后，可隔2行去1行。当茄子坐果后，为了促进果实生长，可在茄果上部留4片叶进行摘心，使营养集中攻果，提早成熟。

（4）花果管理 大棚内湿度较大，通风不良，不易授粉，因此必须采用激素处理才能坐果。一般用20~30mg/L的2,4-D涂抹柱头或喷花。每天一次，不能重复。门茄容易坠秧，因此应及早采收，以促进植株生长和对茄的发育。对茄达到商品成熟时，即茄子萼片与果实相连接的环状带趋于不明显或正在消失，果实光泽度最好的时期，下午或傍晚进行采收。注意保护枝条，提高品质。

（二）日光温室冬春茬栽培技术

1. 品种选择

日光温室冬春茬茄子栽培宜选择较耐寒耐弱光、抗病丰产、果实商品品质好（果形、色泽符合市场需求）、食用品质好（尤其是种子少、不易老熟）的早熟品种。

2. 培育壮苗

中原地区适宜播期为9月上中旬，10月上中旬分苗，3片真叶时分苗。茄子根系吸收能力虽强，但木栓化比番茄、辣椒严重，受伤后发新根能力弱，应尽量减少分苗次数。可将幼苗分入营养钵中，营养钵直径10~12cm，每钵1苗。分苗后缓苗期间，午间适当遮阴，缓苗后，宜使秧苗多见光，即白天揭开棚膜、夜间再盖上，白天温度25~30℃，夜间17~20℃，促进秧苗健壮生长。

3. 科学定植

冬春茬栽培生长期较长，为持续生长增加产量，要增施基肥，撒施腐熟农家肥10 000~15 000kg，速效氮磷钾复合肥50kg，旋耕整平后开始起垄。采取宽窄行定植，按宽行70cm，窄行50cm划线，在70cm地面作垄，垄底宽70cm，顶宽60cm，垄高15cm。如果条件允许在垄上按50cm间距铺设微滴灌，没有微滴灌系统的，可以在垄面中间开挖一个宽20cm，深10cm的灌溉槽，然后覆盖90cm宽的白色地膜。以便冬季在膜下浇水，降低灌溉多低温的影响，防止温室空气湿度过大。

适时定植。11 月中下旬定植，老温室在定植前要进行消毒，方法是：先封好棚膜，按每立方米空间用硫黄 4g，加 80%敌敌畏 0.1g 和锯末 8g 混合后点燃熏蒸或用百菌清烟熏剂每亩 500g 熏蒸，密闭熏蒸一昼夜，再打开通风口放风。

在垄背按 50cm 行距挖穴定植或灌溉槽两侧小垄上挖穴定植，因前期温室前沿光照较强、昼夜温差大，植株生长量小，定植株距略小些，后走道处光照弱，昼夜温差大且温度高，植株生长量大，株距略大一些。整体株距以 35～40cm 为宜，定植后浇水。

4. 定植后管理

（1）温光管理　定植后正值外界严寒天气，缓苗期间晚上覆盖草苫或棉被，白天及时卷起，一般不通风，必要时加盖小拱棚或二层膜，尽量争取光照，提高室温，促进缓苗。整个越冬期间，要注意保持较高的室温，白天 25～30℃的室温，力求保持 5h 以上，若午间室温达到 32℃，可适量放风，下午室温降至 25℃时，及时关闭通风口，并通过调整覆盖物，使夜间温度保持在 20～15℃，不低于 12℃。根据天气情况，及时揭盖草苫或棉被等不透明覆盖物，尽量延长光照时间。注意清洁棚膜，保持较高的透光率。阴雪天气，也要适当揭苫，令植株见散射光。2 月中旬以后，随日照时数增加、环境温度提升，适当早揭苫，晚盖苫，增加植株见光时间。注意清洁棚膜，增加光照。根据天气和棚内温度变化，通过通风口的调节、控制好室内温度。白天上午室温 27～32℃，下午 27～22℃，上半夜 22～17℃，下半夜 17～15℃。

（2）水肥管理　门茄开花前后，适当控制水分，防止植株生长过旺而影响坐果。在门茄长到核桃大小时进行第一次追肥，每亩施尿素 10～15kg 或磷酸二铵 10kg，以后每隔 15d 追肥 1 次，每次肥料用量为尿素 15kg 或复合肥 20～25kg 或磷酸二铵 20～25kg，在盛果后期还可以进行叶面喷肥：采用 0.3%～0.5%尿素、0.5%～1%碳酸二氢钾以及 0.3%~0.5%的硫酸钾混合喷洒。

二氧化碳施肥于越冬期间，室温偏低，通风少，若有机肥施用不足，棚内发生二氧化碳亏缺。为此，晴天 9—11 时，可进行二氧化碳施肥，适宜浓度为 600~800mg/L。

（3）植株管理　日光温室冬春茬茄子生产的障碍是湿度大，地温低，植株高大，互相遮光。及时整枝不但可以降低湿度，提高地温，同时也是调整秧果关系的重要措施。定植初期，保证有 4 片功能叶。门茄开花后，花蕾下面留 1 片叶，再下面的叶片全部打掉，门茄采收后，在对茄下留 1 片叶，再打掉下边的叶片。以后根据植株的长势和密闭程度。采用双干整枝法调整株间的通风和透光状况。在对茄形成后，剪去两个向外的侧枝，形成两个向上的双干，以后所有侧枝都要打掉，保证地面有一定的见光。每株留 5~8 个果后在幼果上留 2 片叶摘心。生长后期，植株较高大，可利用尼龙绳吊秧，将枝条固定。

（4）花果管理　日光温室茄子冬春茬生产，室内温度低，光照弱，果实不易坐住。提高坐果率的根本措施是加强管理，创造适宜植株生长的环境条件。此外，可采用生长调节剂处理，开花期选用 30~40mg/L 的番茄灵喷花或涂抹花萼和花瓣。生长调节剂处理后的花瓣不易脱落，对果实着色有影响，且容易从花瓣处感染灰霉病，应在果实长大后摘除。

七、病虫害防治

茄子发生的病害主要是真菌性病害，常见的有苗期猝倒病和立枯病、黄萎病、褐纹病、绵疫病、茄子灰霉病。虫害主要有红蜘蛛、蚜虫、茶黄螨。

八、采收

茄子达到商品成熟度的标准是萼片下的一条浅色带消失，说明果实生长减慢，可以采收。采收时要用剪刀剪下果实，防止撕裂枝条。日光温室冬春茬茄子上市期，有较长一段时间处在寒冷季节。为保持产品鲜嫩，最好每个茄子都用纸包起来，装在筐中或箱中，四周衬上薄膜，运输时用棉被保温。不要在中午气温高时采收，此时采的茄子含水量低，品质差。

第七节　西葫芦栽培技术

西葫芦，别名西葫、雄瓜、白瓜、小瓜、菜瓜、美洲南瓜。属于葫芦科南瓜属，一年生蔓生草本。

原产北美洲南部，世界各地均有分布，欧洲、美洲最为广泛。中国于 19 世纪中叶开始从欧洲引入栽培，各地均有栽培。

一、生物学特性

西葫芦具有强大的根系和耐旱性叶片，其主要根群分布在 30～60cm 土深。叶面有较硬的刺毛，为西葫芦创造了具有较强抗旱能力和能耐瘠薄土壤的特性。育苗移栽时，主根极易被切断，根系向纵深发展受到抑制，因此抗旱能力较弱。西葫芦叶腋易生侧枝，任其生长消耗养分，影响结果，应在早期摘除。

西葫芦是雌雄同株异花。雌花着生部位，因品种而异。矮生品种 4～5 节着生雌花，蔓生品种于 7～8 节着生雌花。西葫芦为虫媒异花授粉，在天气不良时，由于昆虫活动受到影响而不能授粉或由于花粉发育不好化瓜，需行人工辅助授粉或用生长素处理，以提高产果率。

种子发芽适宜温度为 25～30℃，13℃可以发芽但很缓慢；30～35℃发芽最快，但易引起徒长。植株生长最适宜温度为 20～25℃，15℃以下生长缓慢，8℃以下停止生长；30℃以上生长缓慢并极易发生疾病。开花结果期需要较高温度，一般保持 22～25℃最佳。夜温 8～10℃时受精果实可正常发育。光照强度要求适中，较能耐弱光，但光照不足时易引起徒长。光周期方面属短日照植物，长日照条件上有利于茎叶生长，短日照条件下结瓜期较早。西葫芦喜湿润，不耐干旱，高温干旱条件下易发生病毒病，但高温高湿也易造成白粉病。对土壤要求不严格，沙土、壤土、黏土均可栽培，土层深厚的壤土易获高产。

二、分类

西葫芦以茎蔓长短可分为两种类型。

1. 长蔓型（蔓型）

植株生长势强，主蔓可达 2m 左右，一般多为晚熟品种，多于第 8~10 节着生雄花，果肉质，纤维少，品质佳，单果重 2~2.5kg。

2. 短蔓型（矮型）

节间短，主蔓长 60~100cm，生长期短，果型小，较早熟。长蔓性西葫芦抗病、耐热性、生长势强于短蔓型，因结果部位分散，成熟期不够集中，采收期较长，适于夏季露地栽培。短蔓型适合设施栽培。

三、栽培品种

近年来，西葫芦栽培品种主要有绿皮西葫芦、无种皮西葫芦、灰采尼西葫芦、长蔓西葫芦、一窝猴西葫芦、阿太西葫芦、站秧西葫芦、黑美丽西葫芦、早青西葫芦、花叶西葫芦。设施栽培中比较适合的品种有豫艺种业培育的珍玉绿冠、珍玉春丽等“珍玉”系列品种。

四、栽培模式

中原地区主要栽培模式和茬次安排如下。

1. 地膜覆盖露地栽培

多于 3 月中下旬播种，4 月下旬定植，5 月底至 7 月上旬采收。

2. 中、小拱棚栽培

一般 3 月中旬播种育苗，4 月上旬定植，5—6 月上市。

3. 塑料大棚早春茬栽培

一般在2月上旬至3月上旬播种，3月中旬至4月上旬定植，4月下旬至6月采收。

4. 日光温室冬春茬栽培

于12月中下旬至1月上旬播种，1月下旬至2月上旬定植，3月至5月采收。

5. 日光温室越冬茬

华北地区多于10月上中旬播种，11月下旬至12月上旬定植，12月底至翌年5月采收。可以根据后茬作物决定拉秧时间。由于收获期长，加上春节前后上市，效益较好。

五、育苗技术

西葫芦早春栽培多采用阳畦、大棚套拱棚或温室育苗，西葫芦幼苗生长快，根系发达，断根后缓苗慢，故苗龄宜小；叶片肥大，幼茎易伸长，秧苗易徒长。为防止移栽时伤根和苗拥挤，最好用10cm×10cm的营养钵或50孔育苗穴盘基质育苗。播种后为防止戴帽出土，覆土以2cm左右为宜。育苗期间应控制苗床温湿度，苗期尽量不浇水，或采用喷水方式补墒，白天温度保持20~25℃，夜温10℃左右。后期应加强幼苗低温锻炼，防止幼苗徒长。一般日历苗龄30d左右，生理苗龄3~4叶1心。

日光温室越冬茬栽培时育苗可以采用32孔穴盘基质育苗，苗龄20~25d，幼苗3~4片真叶，叶色深绿，根系发达。

六、主要设施栽培技术

（一）大棚早春茬和温室冬春茬栽培

1. 品种选择

选择耐寒、耐热、抗病毒病、果实有绿色的品种。

2. 培育壮苗

首选籽粒饱满、无病虫害、无损伤的种子，实施育苗，温室冬春茬栽培因育苗时间外界气温低，宜在温室内做成地热线加热苗床，把播种后的营养钵或穴盘摆放在苗床内，苗床加盖小拱棚，确保育苗温度。

3. 科学定植

(1) 整地起垄　定植前 15~20d 将栽培设施覆盖好，扣严薄膜，尽量提高设施内地温。亩施腐熟有机肥 3 000kg，氮磷钾复合肥 20kg、过磷酸钙 50kg，均匀撒施后进行深翻整平后开沟起垄，垄宽 100cm、高 15cm，沟宽 25~30cm。将垄面整平后，铺设微滴灌系统后盖膜或直接盖膜，地膜选用黑色农膜。盖膜时一定要拉紧、盖平，使地膜与畦面盖贴紧密，膜的四周用土压实。进行密闭提温，使 10cm 地温提高到 12℃以上。如果是多年种植蔬菜的温棚可在密闭提温时使用 45%百菌清烟剂每亩 1kg 熏烟杀菌。均匀撒施后进行深翻整平后，按 130cm 开沟起垄，垄底宽 90~100cm、垄顶宽 80cm，高 20cm，沟宽 25~30cm。将垄面整平后，铺设微滴灌系统后盖膜或直接盖膜，地膜选用黑色农膜。

(2) 适时定植　当秧苗在 3 叶 1 心或 4 片叶刚展开时，苗龄在 30d 左右即进行定植。大棚一般于 3 月中旬定植，温室于 11 月底定植。小型品种按垄上行距 50cm×株距 50cm 双行定植，每亩 2 000 株左右。大型品种按按垄上行距 50cm×株距（55~60）cm 双行定植，每亩 1 800 株左右。定植前 1d 将营养钵或育苗穴盘浇透水，选壮苗、好苗定植。定植时应让根系正常舒展，并把定植孔用细土封盖严密，定植后浇返苗水。

4. 定植后管理

(1) 温度管理　早春定植后处于低温季节，管理重点是防寒保暖，保持适温以利于生长发育。缓苗阶段不通风，提高温棚温度，促生根，白天保持 25~30℃，夜间 15~20℃。缓苗后晴天中午棚温超过 30℃时，可适当通风，控制温度在白天 20~25℃，夜间 15℃以上，有利于雌花分化和早坐瓜。坐瓜后白天保持温度至 22~26℃，夜间 15~18℃，最低不低于 10℃，加大昼夜温差，有利于营养积累和瓜的膨大。随着春季气温升高，光照条件增强，白天要加大放风，控制温度不超过30℃，以防病毒病、白粉病发生及植株提前老化。

（2）水肥管理　在缓苗后可轻浇水1次，并随水冲施氮磷钾三元复合肥15kg，促进发棵。第一个瓜长到10cm左右时，植株进入结瓜期，根据土壤墒情，需要1周左右浇水1次，后期缺肥时，可随水追施20~25kg复合肥或喷施叶面肥。

（3）植株调整　第一个瓜坐住前应及时摘除植株基部的少量侧枝。随着植株生长，茎叶不断增加，基部叶片离地面过近，易成为病源中心，当第一个瓜采收后可予以摘除。因西葫芦叶柄粗、脆、含水分多，摘除叶片时，应选择连续晴天，在叶柄中下部摘除，适当留一段叶柄，这样不易给植株造成损伤，有利于伤口愈合，不易感染病害。随着植株的生长，茎蔓因逐渐伸长而倒伏，为保持田间叶片受光良好，应及时领蔓，让所有植株茎蔓按同一方向朝着前棵植株基部延伸，有利于充分受光。

（4）花果管理　西葫芦结实能力差，加上前期温度低、通风量较小，依靠自然授粉难以保证坐果率，必须采取人工授粉或使用生长调节剂处理。一般在8—10时，摘取当日开放的雄花，去掉花冠，在雌花柱头上轻轻涂抹实施人工授粉。也可使用防落素、坐果灵、西葫芦坐瓜王等植物生长调节剂处理花，最好在生长调节剂内加入防治灰霉病药剂，预防灰霉病的发生。

（二）日光温室越冬茬栽培

日光温室越冬茬西葫芦的育苗期可根据气候条件、市期价格趋势和前茬作物收获期而适当调整、中原地区多在10月中旬至11月初播种育苗，元旦、春节期间大量供应市场，经济效益高。栽培方式可使用匍蔓栽培和吊蔓栽培，但因冬春茬西葫芦要经历一年中最严寒的季节，对技术要求严格，此茬栽培技术要点如下。

1. 品种选择

选耐低温、耐弱光的中长蔓类型品种。

2. 培育壮苗

首选籽粒饱满、无病虫害、无损伤的种子，实施育苗，温室越冬茬育苗时外界气温比较适宜，可以选择大棚育苗，棚内育苗床，把播种后的营养钵或穴盘摆放在苗床内，大棚顶部加盖棚膜，确保育苗温度。

3. 科学定植

（1）整地起垄　定植前5~10d覆棚膜，亩施充分腐熟的有机肥5 000kg左右，氮磷钾复合肥50kg，深翻细耙，整平后起垄。因选用品种为中长蔓品种，需要适当加大行株距，垄宽80cm，高20cm，沟宽60cm。将垄面整平后，铺设微滴灌系统后盖膜或直接盖膜，地膜选用白色农膜，有利于冬季低温提高。盖膜时一定要拉紧、盖平，使地膜与畦面盖贴紧密，膜的四周用土压实。进行密闭提温，使10cm地温提高到12℃以上。如果是多年种植蔬菜的温棚可在密闭提温时使用45%百菌清烟剂每亩1kg熏烟杀菌。

（2）适时定植　苗龄20~25d，3~4片真叶时即可定植。垄上行距60cm，垄间行距80cm，匍蔓栽培株距90~100cm，亩栽1 000株左右，吊蔓株距50~60cm，亩栽1 600株左右。选晴天上午定植为宜，定植前1d将营养钵或育苗穴盘浇透水，选壮苗、好苗定植。定植时应让根系正常舒展，并把定植孔用细土封盖严密，定植后浇返苗水。

4. 定植后管理

（1）温度管理　定植后闭棚保温，以白天温度25~30℃、夜温18~20℃为宜，促进缓苗。缓苗后适当降温，促进植株健壮生长。严冬来临前，加强植株锻炼，夜温可降到8~12℃。严冬期间要加盖草苫或棉被，维持白天温度在25℃以上，夜温12℃以上。严冬过后通过调整草苫或棉被覆盖、棚膜放风等管理，维持白天温度25~28℃、夜温12~15℃即可。

（2）光照管理　前期尽量延长温室内光照时间、增加光照强度。冬季在满足温度要求的情况下尽量早揭、晚盖草苫或棉被，延长光照时间。在温室内北墙上安装反光幕，以增加光照强度，随时清洁膜上灰尘，增加透光量。随着春季到来，逐步调整草苫或棉被覆盖时间和覆盖量，增加光照强度和光照时间。

（3）水肥管理　温室越冬茬西葫芦定植水要浇足，促进缓苗。缓苗后以促为主，坚强水肥管理，尽量在进入严冬前形成健壮植株以提高抗寒性，为低温期正常结瓜打好基础。缓苗后用复合肥或养根类冲施肥追肥 1 次，复合肥每亩 10kg，冲施肥每亩 4～5kg。根瓜坐住后再追肥 1 次，复合肥每亩 20kg。冬季可适当延缓追肥时间。早春后加强水肥应用。

越冬茬栽培中，冬季为了保温，温室经常处于密闭状态，缺少内外气体交换的机会，棚室内二氧化碳浓度变幅较大。对光合作用、产量影响较大。如果条件允许的话可进行二氧化碳施肥。最简单易行的方法是利用碳酸氢铵与硫酸反应形成二氧化碳。在温室内放置容器，每天 8 时左右，先放入稀释 4 倍的硫酸 1～1. 2kg，再投入 0. 1kg 左右的碳酸氢铵，当硫酸耗尽，容器内只剩下硫酸铵时，可以清除出来作化肥，然后重复这样做。为使增施的二氧化碳发挥最大效益，以 $20m^2$ 为单位多点使用。

（4）植株调整　日光温室西葫芦越冬栽培由于品种为中长蔓型、生长期长，茎蔓可达 1m 以上。可以通过采瓜的早晚和留瓜数量来调节植株的长势，一般来讲，瓜秧特别旺时，单株可同时留 3～4 条瓜，并适当推迟采收，形成大瓜；如果瓜秧生长偏弱时，可留 1～2 个瓜，并及时采收。出现花打顶现象时，应及早去掉顶端幼瓜，保证正常的生长优势。

及时进行枝蔓整理、吊蔓栽培时主要进行绑缚；匍蔓栽培时主要进行枝蔓摆放位置的调整。此外，生长过程中还应在晴天上午及时摘除侧蔓和卷须，打掉底部黄、老、病叶。

（5）花果管理　雌花开放后及时采取人工授粉或使用生长调节剂处理。一般在 8—10 时，摘取当日开放的雄花，去掉花冠，在雌花柱头上轻轻涂抹实施人工授粉。也可使用防落素、坐果灵、西葫芦坐瓜王等植物生长调节剂处理花，最好在生长调节剂内加入防治灰霉病药剂，预防灰霉病的发生。

七、病虫害防治

西葫芦病害较少，主要有灰霉病、白粉病、黑星病、绵腐病和病毒病。虫害主要有地下害虫及蚜虫、蓟马、白粉虱等。

病虫害防治采用农业、物理措施和农药防治。在使用生长调节剂处理花时加入农药，可简单有效的控制灰霉病、绵腐病。

八、适时采收

西葫芦以食用嫩瓜为主，达到商品瓜要求时即可随时进行采收，长势旺的植株适当多留瓜、留大瓜；徒长的植株适当晚采瓜；长势弱的植株应少留瓜、早采瓜。

一般在定植后 55～60d 即可进入采收期。温度及光照条件较差时，当重量达 250g 左右要及早采收，避免坠秧；环境条件适宜时，可适当留大瓜，提高产量。

采摘时不要损伤主蔓，考虑瓜柄较粗，汁液较多，尽量用剪刀在瓜柄中间部位剪断，留一定瓜柄在主蔓上，以防病害感染。

第八节　草莓栽培技术

草莓，又叫洋莓、地莓、地果、红莓等，草莓属蔷薇科草莓属，在园艺上属浆果类多年生草本植物。高 10～40cm，茎低于叶或近相等，密被开展黄色柔毛。叶三出，小叶具短柄，质地较厚，倒卵形或菱形，上面深绿色，几无毛，下面淡白绿色，疏生毛，沿脉较密；叶柄密被开展黄色柔毛。聚伞花序，花序下面具一短柄的小叶；花两性；萼片卵形，比副萼片稍长；花瓣白色，近圆形或倒卵椭圆形。聚合果大，宿存萼片直立，紧贴于果实；瘦果尖卵形，光滑。

草莓原产南美，中国各地及欧洲等地广为栽培。目前世界上大多数国家都有草莓栽培。美国草莓栽培面积 2.3 万 hm^2，产量 56.7 万 t，约占世界总产量的 28%，平均产量 24.6t/hm^2。日本栽培面积 1.1 万 hm^2，产量 21.8 万 t，占世界总产量的 11%，平均产量 19.3t/hm^2。欧洲是主要草莓产地，约占世界产量的 50%，波兰、意大利、西班牙、荷兰、比利时、俄罗斯、罗马尼亚和英国栽培面积较大，产量一般为 18.3t/hm^2 左右。

我国是世界上草莓野生资源最丰富的国家，很早就开始利用野生草莓，并一直沿袭至今。我国的大果草莓栽培始于 1915 年，但过去未受到重视，发展缓慢。20 世纪 80 年代以来草莓生产迅速发展，目前草莓生产面积约 7 万 hm^2，面积居世界第一位。

草莓营养价值丰富，被誉为“水果皇后”，含有丰富的维生素 C、维生素 A、维生素 E、维生素 B_1、维生素 B_2、胡萝卜素、鞣酸、天冬氨酸、铜、草莓胺、果胶、纤维素、叶酸、铁、钙、鞣花酸与花青素等营养物质。尤其是所含的维生素 C，其含量比苹果、葡萄都高 7~10 倍。而所含的苹果酸、柠檬酸、维生素 B_1、维生素 B_2，以及胡萝卜素、钙、磷、铁的含量也比苹果、梨、葡萄高 3~4 倍。

一、生物学特性

草莓根系由新茎和根状茎上的不定根组成，伸入土壤较浅；茎为匍匐型，节间在靠近土壤或潮湿环境下易长出幼根，生长高度低于叶或近相等，密被开展黄色柔毛。叶三出，小叶具短柄，质地较厚，倒卵形或菱形，顶端圆钝，基部阔楔形，侧生小叶基部偏斜，边缘具缺刻状锯齿，锯齿急尖，上面深绿色，几无毛，下面淡白绿色，疏生毛，沿脉较密；叶柄长 2~10cm，密被开展黄色柔毛。花呈聚伞花序，有花 5~15 朵，花序下面具一短柄的小叶；花两性，直径 1.5~2cm；萼片卵形，比副萼片稍长，副萼片椭圆披针形，全缘，稀深 2 裂，果时扩大；花瓣白色，近圆形或倒卵椭圆形，基部具不显的爪；雄蕊 20 枚，不等长；雌蕊极多。果实呈聚合果大，直径达 3cm，宿存萼片直立，紧贴于果实；瘦果尖卵形。

草莓喜温暖、湿润和较好阳光，不耐严寒、干旱和高温。

二、草莓分类

中国种植的草莓根据地理位置和形态特征，主要分为 7 类，其中，以森林草莓和东方草莓两类最多，分布在东北、西北和西南等地的山坡、草地或森林下。此外，还有黄毛草莓、西南莓、五叶草莓、纤细草莓和西藏草莓。从果实颜色上分有红色、白色。

三、栽培品种

全世界的草莓品种共有 20 000 多个，但大面积栽培的优良品种只有几十个。中国从国外引进和自己培育的新品种有大约 300 个。

1. 耐高温和强光照品种

白雪天使、白雪公主、宁玉、俏佳人、丰盛红花、沐心、菠萝、桃熏、德国四季、蒙特瑞、凤冠。

2. 中等耐高温和强光照适当遮阴，避免暴晒的品种

初恋馨香、白雪小町、点雪、隋珠、宁馨、太空 2008、越心、伊兰、白泡、香玉、天仙醉、骄雪、京桃香、山谷女王、美白姬、巨无霸、艳丽。

3. 不适合高温强光季节栽培品种

红颜、章姬、甜查理、香蕉、衣紫、御用、越丽、圣诞红、紫金久红、丰香、京藏香、韩姬、梦香、小白、香格里拉、赛娃、红袖添香、淡雪。

四、栽培模式

草莓栽培分露地栽培、大棚栽培和温室栽培。其中，露地栽培可以与杏、葡萄、小麦及蔬菜间作套种。保护地栽培以单一栽培为主。栽培管理模式从传统的栽培模式向高架栽培、半基质栽培、无土栽培等多元化模式转变。

五、育苗及苗期管理

草莓繁育为无性繁殖，利用母株分割后易成活和分枝节间易生根的特性，使用母株进行繁殖。

1. 母株选择

一定要使用无病苗植株进行繁育。如果有条件的话首次栽培购入脱毒苗栽培，以后3年内在田间挑选无病苗繁殖，每3年更新一次脱毒苗。

2. 营养钵育苗

一般用直径10~12cm营养钵育苗，便于控制氮素、水分和pH值，促进花芽分化、防治水害，减少除草用工。营养钵内可以使用营养土或育苗基质。使用营养土时，选用无病虫的田间土壤，加入适量长效性速溶类复合肥混合均匀，将pH值调整到6.5以下，超过6.5会产生生长障碍。

3. 母株培养

秋天在栽培田间选择无病毒苗作为专用母株，也可选择生育旺盛的生产株作为母株，3月中旬前移栽定植到育苗棚内，成活后用赤霉素50mg/L液处理一次，促进匍匐茎早发。为了提高新苗质量，要及时摘除下部叶片、花和4月以后生长的匍匐茎。

4. 起苗装钵

一般在5月下旬至6月中旬起苗装钵，再晚就会影响新苗植株生长。选用母株上发根匍匐茎，保留3片以上真叶剪切后形成新苗植入钵中，根茎部覆土宜浅，最好不要把匍匐茎的切口埋入土中。也可以提前将营养钵放到苗田中，把匍匐茎直接埋入钵内发根生长。

5. 苗期管理

定植到营养钵内后，按10~15cm距离摆放到大棚内，利于通风透光，防止徒长，缓苗期加装覆盖物遮阴，勤浇水，晴天每天喷施3~4次，防治叶片萎蔫，一般10~14d成活。

缓苗后去掉遮阴覆盖物，根据植株生长势，合理进行水肥管理和植株管理，每隔一周进行一次摘叶和匍匐茎，对于旺长苗可以进行适当断根处理，培育壮苗。6 月中旬覆盖农膜，预防后期高温多雨的不良影响，7 月形成的匍匐茎最好尽早全部摘除，停止氮肥使用，8 月上旬只留展开叶片 3 片左右，9 月上中旬定植。

六、主要设施栽培技术

（一）大棚栽培技术

1. 品种选择

选择浅休眠期的大果型品种。

2. 培育壮苗

母株定植在日平均温度在 12℃以上时实施，定植缓苗后要根据苗情适当使用速溶性氮磷钾肥料随水浇灌 1 次，保证壮苗。

3. 科学定植

（1）整地起垄　草莓宜生长于肥沃、疏松中性或微酸性壤土中，过于黏重土壤、偏碱土壤不宜栽培。对定植大棚以亩施腐熟有机肥 3 000~4 000kg，复合肥 50~60kg 为宜，最好在定植前 10d 施入耕翻。按 100cm 划线做垄，垄底宽 70cm，垄面宽 50cm，垄沟宽 30cm、深 25~30cm。

（2）适时定植　最好是苗经过花芽分化后再定植，可以提早现蕾开花提高产量，中原地区以 9 月上中旬为好。定植前在垄面上铺地膜，在地膜上打孔栽植。每垄栽 2 行，垄上行距 25~30cm，株距 15~20cm，每亩栽 7 000~9 000 株。定植时，选择晴天下午或阴天全天定植，带土移栽双行三角形定植，要使花序朝向沟面，定植深度以根颈与土面持平为准，不能将苗心埋入土中。有利以后花序抽出、通风透光扎根及植株分蘖。

4. 定植后管理

（1）温度管理　草莓喜温凉气候，草莓根系生长温度 5~30℃，适温 15~22℃，茎叶生长适温为 20~30℃，花芽分化期温度须保持 5~15℃，开花结果期 4~40℃。冬季来临当日平均温度降到 8℃左右时，及时盖棚膜。盖膜后，晚上棚内应保持温度8℃，白天20℃左右，晴天中午要掀膜，15时复膜。温度过高，花粉死亡，温度过低花粉活性不够，难以授粉。进入夏季后，当气温高于30℃并且日照强时，需采取遮阴措施。

（2）光照管理　草莓为喜光植物，但又有较强的耐荫性。光强时植株矮壮、果小、色深、品质好。中等光照、果大、色淡、含糖低，采收期较长，光照过弱不利草莓生长。

（3）水肥管理　草莓根系分布浅、蒸腾量大，对水分要求严格。不同生长期对水分的要求又稍有不同。定植后立即浇透缓苗水，随水冲施800倍液加甲基硫菌灵。秋季是植株积累营养和花芽形成期，土壤水分不得低于60%，寒冬来临前，要浇透水以防寒。早春和开花期，控制土壤持水量在70%。果实生长和成熟期需水量求最大，保持土壤含水量达80%以上。采收之后，抽出匍匐茎和发新不定根，也需土壤含水量不低于70%。草莓不耐涝，要求土壤有良好的通透性，注意田间雨季排水。

掌握薄肥勤施的原则，在施足基肥基础上，定植活棵后，冲施复合肥15kg左右，在果实膨大期和采收始期亩施草莓专用肥或磷酸二氨10kg。采收后20d左右，再追肥1次。也可根据具体情况用0.3%磷酸二氢钾加0.4%尿素溶液进行叶面追肥2~3次。

（4）植株管理　草莓生长期须及时摘除匍匐茎、老叶、病叶及采果后的残留花萼；每株草莓选留2~3个健壮分蘖，及时抹去其余分蘖；去掉低级位小花。

（5）花果管理　草莓开花期间，于每天8—9时用毛笔涂抹花朵，进行人工授粉，最好在棚内放蜂授粉，可明显提高产量和好果率。

（二）温室栽培技术

1. 品种选择

温室栽培应选择休眠期短、早熟、高产、优质抗病的品种。

2. 培育壮苗

温室定植时间可以比大棚提前10~15d，所以，育苗时各种操作要尽量适当提前，以保证壮苗标准，使苗形成花芽分化。

3. 科学定植

（1）施肥整地　定植前1周开始整地，每亩施优质农家肥4 000~5 000kg，磷酸二铵30kg，深翻25cm后整平耙细，采用小高垄栽培，垄高15cm，垄面宽50cm，垄间距90~100cm，每垄栽双行，株距12~15cm，亩栽8 000~10 000株。

（2）适时定植　定植以8月下旬为好，选用花芽开始分化、5片叶以上的壮苗，尽量在阴雨天或晴天16时以后带土移栽，做到“上不埋心，下不露根”，栽后连续浇小水，直到成活为止。

4. 定植后的管理

（1）温度管理　萌芽期白天16~28℃，夜间8℃以上；花期白天22~25℃，夜间12~15℃；果实膨大期白天20~26℃，夜间8℃；采收期白天13~25℃，夜间5~6℃。寒冬季节，在温室内每隔1.5m设置1个60W的白炽灯进行加温补光，可使室内最低气温维持在5℃左右，采收期提前20d左右。

（2）肥水管理　定植缓苗后，亩追尿素7.5kg或磷酸二铵20kg，追肥后及时浇水和中耕。进入冬季扣棚前结合浇水亩施硫酸钾10kg。扣棚后至开春一般不追肥浇水，干旱时浇水最好采用膜下滴灌，以降低室内空气湿度。从顶花絮吐蕾开始，每20d追肥1次，每亩追尿素和过磷酸钙各15kg，或复合肥15kg。第1次采收高峰后，每30d追肥1次。开花期控制浇水，果实坐住到成熟要及时浇水，保持土壤湿润。早晨采收前要控制浇水。

（3）光照管理　草莓为喜光植物，但又有较强的耐荫性。光强时植株矮壮、果小、色深、品质好。中等光照、果大、色淡、含糖低，采收期较长；光照过弱不利草莓生长。所以，尽量早掀晚放草苫或棉被，条件允许的话在日光温室顶部加装白炽灯，后墙安装反光膜，以补充光照、提高温室温度。

（4）植物生长调节剂处理　草莓温室栽培需用植物生长调节剂处理打破休眠，扣棚后喷施2~5mg/kg的赤霉素。喷时重点喷到植株心叶部位，用量不宜过大，否则导致植株徒长；第二次使用在顶部花序现蕾时，持续调节叶片延伸外，可以促进顶部花序形成和开花；第三次使用在腋部花序现蕾初期、顶部花序着生果绿熟期。

（5）植株调整　定植15d后植株地上部开始生长，心叶发出并展开，此时应将最下部发生的腋芽及刚发生的匍匐茎及枯叶、黄叶摘除。顶部花序现蕾后，生长旺盛时会发生较多的侧芽，浪费养分，影响草莓开花结果，应在顶部花序下留2个侧芽，其余的及时摘除。植株基部的叶片由于光合能力减弱也应摘除，持续保持每株4~6片功能叶。

（6）花果管理　温室栽培前期放风量小加草莓习性，必须进行辅助授粉，不然会产生大量畸形果。一是在顶花开花初期每天10—15时用毛笔在开放的花中心轻轻涂抹。二是放入蜂箱开展蜜蜂辅助授粉。

七、病虫害防治

草莓病害主要有白粉病、灰霉病、炭疽病、根腐病、芽枯病、叶斑病、黄萎病，在草莓苗的培植期和移栽期，主要以白粉病、灰霉病、炭疽病发生最为普遍，有时会使草莓苗全部被毁，要做好预防和及时防治。

虫害主要有金龟子、夜盗蛾、蚜虫、白粉虱和螨类。

使用蜜蜂授粉时，病虫害防治最好在开花前实施，开花时不要使用农药，以防形成授精障碍、毒死蜜蜂。发生螨类害虫时，要在摘除带出室外集中销毁后，在喷施农药，要保证叶背面充分使用，选用不同农药交替使用。

八、采收

草莓浆果有2/3着色即开始采收。采收高峰期每1~2d采收1

次，采收时要带果柄，不要伤萼片，在距萼片 1cm 处折断，分级堆放，切忌堆放和搬运时挤压。每次采收都要将成熟果采净。采收时应注意轻摘轻放，随时剔出畸形、病虫果，分级包装后及时上市。

第八章　设施果蔬产业化管理技术

第一节　设施果蔬产业化发展现状

设施栽培可以有效改变气候环境对于果蔬生长的影响，避免自然因素如高温、暴雨、强光等对果蔬的为害，从而促进果蔬产量的上升，对农业现代化发展有着非常重要的意义。由于设施果蔬具备一定的科技含量，所以设施果蔬的普及情况是反映该地区农业技术发展水平的标志。

我国设施果蔬包括大中塑料棚、日光温室以及防雨遮阳棚等，主要分布于黄淮海平原、渤海地区、长江流域和陕、甘、宁、蒙等半干旱地区，北方以日光温室和大中塑料拱棚为主，南方以大中塑料拱棚和防雨遮阳棚为主。2013 年，我国大中塑料拱棚约为 170 万 hm^2，日光温室面积约为 100 万 hm^2。综合各省报道数据，我国设施农业面积最大的省份为山东省，总种植面积为 90 万 hm^2，其次是辽宁省，为 73 万 hm^2，其中，日光温室栽培面积为 53 万 hm^2，位居全国首位。设施果蔬种植面积较大的省份还有河北省和河南省，种植面积分别为 40 万 hm^2 和 39.2 万 hm^2。近年来，随着市场需求增加和科技水平提高，设施果蔬发展迅猛，呈现出如下特点。

一、发展规模迅速扩大

与西方发达国家相比，我国设施果蔬的发展时间相对较晚，一直到20世纪90年代初期，设施果蔬产业才逐渐兴起，但由于我国当前对设施果蔬的市场需求非常之大，因此设施果蔬产业在短短20余年间已经得到迅速发展，其发展规模也相当之大，且仍然处于不断扩大之中。据农业部门公开数据，早在2016年我国果蔬面积就已经达到了5 872万亩，2020年达到6 158万亩左右，这充分说明了当前设施果蔬的良好发展趋势。而从产量与产业规模上来看，2016年，我国设施果蔬总产量达到了2.52亿t，设施果蔬产业的净产值则为5 700多亿元，在果蔬产业中，设施果蔬无论是种植面积还是产量与产值，都已经占据了非常大的比重。以2016年的数据为例，设施果蔬种植面积、产量、产值的占比已经分别达到了23.4%、33.6%、63.1%，并且在持续增长，由此可见，设施果蔬产业已经成为我国果蔬产业中的主力军。

二、科技应用水平不断提高

设施果蔬作为借助技术设施的果蔬生产模式，其对于科学技术的依赖性是非常高的，而从目前来看，我国设施果蔬产业在科技应用方面已经呈现出了比较良好的发展趋势。首先，在“菜篮子”工程的推动下，我国对设施果蔬产业给予了高度重视，不仅积极从国外引进了大批生产技术设施，同时还在设施果蔬生产的技术研究领域投入了大量的资金与人力物力，而在相关科研机构以及专家学者的不懈努力下，我国设施果蔬生产的生产技术研发工作也取得了很多比较突出的成果，如适合非耕地地区的砂石墙下挖型日光温室、用于果蔬生长进程与病害预测温室通用数据库等。其次，在科学技术的推广运用上，我国设施果蔬产业同样作出了很大的努力，各种高新技术在被研发出来后，已经能够在较短时间内应用到实际生产之中，而各地建立的设施果蔬农业示范基地，也为这些先进技术的推广作出了巨大贡献。

三、生产效率相对较低

在我国设施果蔬产业持续、快速发展的同时，目前整个产业也同样存在着很多不完善之处，而生产效率较低则正是其中最为明显的问题之一。受耕地面积、人口基数等诸多因素的影响，我国设施果蔬的种植面积与总产量虽然自 20 世纪以来就一直位居世界前列，但从各单位面积的果蔬产量来看，却仍然是相对较低的。各省份由于生产技术、经济水平上存在差异，设施果蔬的亩产量虽然存在一定的差异，但大多数不超过 4 500kg，这一数据仅为荷兰设施果蔬平均亩产量的 1/6。这不仅极大地影响了农户的经济效益，同时也说明目前我国设施果蔬产业在生产技术水平上仍然有待提升。

四、产品质量缺乏保障

除生产效率问题以外，当前我国设施果蔬产业的产品质量问题也同样比较严重。在人为营造的生长环境下，果蔬质量必然会受到人为干预活动不同程度的影响，因而设施果蔬产业必然要建立完善的产品质量监督体系，以保证果蔬的营养品质与安全，但从目前来看，我国设施果蔬产业的产品质量监督体系并不完善，农户的安全意识也同样比较薄弱，这就对设施果蔬产品的质量造成了很大的影响。

目前，随着我国社会主义市场经济的快速发展，我国居民人均收入水平持续增加，人们对于生活品质的追求不断提高，设施果蔬在我国拥有十分庞大的市场，其发展前景尤为广阔。但是在其不断发展壮大的过程中，仍有很多不容忽视的问题亟待解决，以促进设施果蔬的良性健康发展。

第二节　设施果蔬产业化生产模式

规模化和专业化是农业发展的必然趋势，设施蔬菜产业的发展也不例外。要实现规模化和专业化发展，需要培育龙头企业和专业合作社等生产经营主体。

一、轻简化和标准化是以企业为经营主体的必由之路

国内的生产设施（日光温室、塑料大棚）与国外的大型自动控制温室相比，在安全、轻简、高效生产方面存在很大差距。在现有生产力水平下，难以实行机械化操作和栽培技术的标准化，同时，缺乏专业化的生产工人和难以实现量化的用工管理，这些是以企业为主体实现设施蔬菜规模化生产的限制性因素。

要实现设施蔬菜生产的轻简化和标准化，第一，从设施选型上入手，要选择便于实现轻简化栽培的设施。如日光温室要选择大跨度、钢骨架、无立柱，便于小型机械设备的操作；塑料大棚在单体大棚的基础上，根据当地实际情况选择钢骨架连体塑料大棚。第二，从幼苗培育、定植、吊蔓等各个管理环节实现技术的标准化和工作的量化考核，从栽培农艺上符合小型农业机械的使用。第三，注重产品品质，以高品质实现产品的高价值，注重培育品牌，以品牌作为高品质的有效载体。第四，加强与大专院校和科研院所的合作，把农业新技术、新品种应用于果蔬的生产上，加快科技成果的转化步伐，选择抗病性强、高附加值、易于标准化管理的优良新奇品种，提高经济效益。第五，突出区域特色，坚持“一村一品”，在此基础条件下逐步扩大发展规模，使之成为各个乡村的独有特色产业。为了便于集约生产，应重点以围城沿路便于运输、销售的原则发展区域特色产业。加强品牌培养，打造品牌市场，不仅可以体现地域特色，也可提高市场的知名度和竞争力。第六，在做好生产的基础上拓展园区的功能，例如，拓展园区的生态休闲功能，发展会员，实现会员制供应、特定消费群体专供等。

二、联合和培育经营主体是合作社及家庭农场的壮大之策

以家庭农场和合作社为生产主体的模式在生产环节具有很大的优势，但在产品营销环节则显得力不从心。不同的家庭农场和合作社联合起来可以实现生产的规模化，应在此基础上有意识地培育有实力的

经营主体。如以家庭农场为基本单元，组建“合作社+家庭农场、蔬菜协会+合作社+家庭农场”；或者与龙头企业结合，组建“龙头企业+合作社+家庭农场”等模式。

无论何种模式，家庭农场都应该是生产的主体，合作社和龙头企业是服务和经营的主体。合作社或者农业龙头企业要与农户或者家庭农场积极结合，形成利益共同体，尊重农民在产业链上的分工，不与农民争利，主动让利，把生产的环节让农户或者家庭农场来承担。

合作社和农业企业要紧密配合、形成合力，积极研究领会中央和地方支农惠农政策，充分利用政策性资金的扶持，加大果蔬的标准化生产，加大加工储存企业、网络电商、生产人员培训等软硬件建设，最大优化产业发展条件。同时，充分发挥各自专业优势，做自己最擅长的工作。例如，农业企业要在产业链的上游进行研发和种苗培育，为生产者提供优质壮苗和农资；在生产环节为生产者制定产品标准、提供技术服务和进行质量跟踪管控；在产后环节，培育知名品牌，积极开拓市场，收集市场信息，有条件的企业还可以进行产品的初级加工和深加工等，发展一批带动力强的经营主体，以果蔬产业的产、加、销一条龙模式，来实现果蔬产品的效益最大化，从而完善原有的果蔬生产的粗加工局面。

三、开拓现代营销模式是设施蔬菜产业健康发展的保障

目前，农产品销售主要还是依靠批发市场。由于批发市场近似完全竞争市场，无论销售的主体是原来的分散种植户，还是合作社或者龙头企业，只能被动接受市场价格，交易存在风险，市场价格容易大起大落。

农超对接是一种具有发展前景的模式，农超对接的优点在于产地的合作社与超市直接签订购销合同，减少了销售的中间环节，农民和超市都可以从中获利；对消费者而言，农产品的质量安全相对有保障。但这种销售模式也存在一些问题：由于大部分合作社和超市缺乏冷链运输能力，产品的运输需要依靠第三方物流，费用较高，同时，

在双方合作中，超市处于优势地位，合作社在产品的定价、付款方式和准入门槛等方面处于劣势地位。

在国外，行业协会组织销售是农产品销售的主要模式。即以专业合作社为生产的主体，依托专业加工企业，专业合作社和加工企业组建行业协会。行业协会负责制定农产品的生产标准和营销方式，合作社组织社员按照协会标准进行农产品的生产，龙头企业负责农产品的收购与加工。这种模式对从业人员的素质要求较高，在国内属于探索发展期，需要在发展中不断完善。

另外，还有一些其他的模式，如一些地方政府扶持的平价菜店进社区，生产基地与销售网点“点对点”对接，进行品牌连锁；农餐对接，即合作社对一些团体消费单位，如学校、大型企业等实行专供；农企对接，即合作社与加工企业，如生产基地与三全、思念、康师傅、肯德基、麦当劳等知名企业对接。随着信息通信技术的完善、互联网的普及应用，电子商务模式在传统农业的营销中发挥的作用越来越大，因此应积极开拓现代营销模式，发展多元化的销售渠道，线上线下销售并存，线下销售以果蔬中介组织和流通经纪人为主，线上销售应借助互联网平台，延伸销售渠道和途径。

第三节　设施果蔬产业化经营管理技术

一、生产管理

把工业化的管理理念植入现代农业的生产管理体系是提高劳动生产率的重要措施。生产管理原则为“分类分工，专业操作；多劳多得，绩效考核”。以果菜类番茄生产的现代设施番茄生产园区为例。

组织技术工人培训、理论知识和实操知识培训，3 个月试用期，试用期内工作只拿基本工资，试用期合格后正式上岗加绩效。把生产人员分类别进行专业技能培训，形成专业技工。

多劳多得，绩效考核。目前，日光温室设施蔬菜生产的劳动效率均有业内公认的一般工作效率，如茄果类生产管理类 2~3 亩/人，但是没有明确的工作工种的劳动效率，不便于实现具体的量化指标和绩效。

二、种植技术及种植标准

种植技术指标拿数字说话。在生产种植过程中用科技武装生产，用生产应用技术来验证提升科技和技术的推广。依据植株的生长情况、外观表现及检测结果，为种植技术提供指标依据。生长速率、株高、茎粗、叶面积、叶绿素含量等均为植物生长状况的表现形式，营养液 EC、pH、基质含水量、蒸腾量、温度、二氧化碳含量、光照强度等指标数据仍旧为种植管理的重要指标参数。

所有产品推向市场所具有的生产标准为该产品被市场认可与否的身份证。现代化设施蔬菜生产已经与世界接轨，从生产设施设备配套到生产管理过程均以 GAP 标准自律，实现整个产业有机循环可持续。目前，欧盟良好农业规范由于关注农业生产过程中的安全问题，而被国际上广泛认可。从广义上讲，良好农业规范（GAP）作为一种适用方法和体系，通过经济、环境和社会的可持续发展措施，来保障食品安全和食品质量。它是以为害预防、良好卫生规范、可持续发展农业和持续改良农场体系为基础，避免在农产品生产过程中受到外来物质的严重污染和为害。2004 年，中国主要参照 EUREPGAP 标准的控制条款，并结合中国国情和法规要求启动了 ChinaGAP，国家认证认可监督管理委员会已经与欧盟良好农业规范组织 EUREPGAP 签署了《技术合作备忘录》，积极推动中国 GAP 认证结果的国际互认，获得 China GAP 一级认证证书可与 EUREPGAP 直接进行互认，对促进中国农产品扩大出口具有积极作用。

三、植保防疫措施

采用绿色防控体系是现代设施蔬菜生产的必备环节。绿色防控是指以保护农作物、减少化学农药使用为目标，协调采取生态控制、生物防治和物理防治等环境友好型防控技术措施来控制有害生物的行为，是“绿色植保”的体现，是食品安全的依托，农产品质量和农业生态环境安全，也为打造绿色农产品生产园区提供了强有力的技术支撑和保障。

1. 保洁、清洁、消毒、防护

现代设施蔬菜生产周边500m之内不能有杂草丛生，所有生活垃圾和生产垃圾清理后当天出温室，当天清理；尽量避免外界带入病菌虫卵，所有人员进出温室需要进行全身防护清洁，员工经员工通道更换工作服、手部消毒、脚部消毒及工具消毒，外来人员入内必须进行全方位的隔离服、手部消毒、风淋消毒、脚部消毒垫；温室内运输通道走廊、生产通道等间断性进行消毒。

2. 物理防治

硫黄熏蒸杀菌消毒，利用硫黄熏蒸的物理性质起到净化环境和杀菌消毒的作用；黏虫板诱杀、黄板和蓝板诱杀已经广泛应用于农业行业，对于现代设施蔬菜生产来讲，其主体结构更适宜于黄色粘虫带的使用，其效果更为突出；防虫网和灯光诱杀，在通风口及翻窗等位置采用50目防虫网为宜，温室补光灯附近设置杀虫灯。

3. 植物诱控和驱避

园区绿化及生产区的周边，种植迷迭香、驱蚊草、蓖麻、薄荷等对昆虫起到诱控和趋避作用的植物，净化周边环境，可以减少部分病虫害的侵染源，降低发病率。

4. 植物源农药和生物防治

以虫治虫、以螨治螨、以菌治虫、以菌治菌等生物防治，例如应用香菇素、苏云金杆菌（Bt）、蜡质芽孢杆菌、枯草芽孢杆菌、赤眼蜂、捕食螨等成熟的产品和技术。

第四节　设施果蔬产品认证制度

认证是由认证机构证明产品“服务和管理体系符合相关技术规范”的强制性要求或者标准的合格评定活动，是市场经济的产物，主要为满足市场交易活动、建立信用和节约交易成本的需要。当专业化分工越来越普遍和市场范围越来越大的时候，相互没有传统联系的供需双方缺乏信任的基础。市场需求者需要获得拟购产品（服务）品质的真实信息，市场供给者需要取得市场对其产品（服务）品质和特征的认可，因此，就产生了介于供需双方的第三方力量，借助自身的专业性和权威性，确认供需双方所交易对象的品质，促成供需双方实现交易，这就是认证制度。

果蔬产品的认证是食品农产品认证的重要组成部分，是落实食品农产品质量安全的重要环节。目前，我国果蔬产品的认证主要有无公害农产品认证、绿色食品认证和有机食品认证，它包括下列要素。

◎ 认证的主体是认证机构；

◎ 认证机构是独立的法人单位；

◎ 经国家认证认可监督管理委员会批准；

◎ 从事批准范围内的合格评定活动的单位；

◎ 认证机构属于第三方性质；

◎ 认证的对象是产品、服务或提供产品或服务的管理体系；

◎ 认证的依据是标准技术法规和规范；

◎ 认证的方法包括对产品质量的抽样检验和对企业质量管理体系的检查和评定；

◎ 认证合格的表现方式是颁发认证证书和授权使用认证标志；

◎ 认证的目的是保证产品服务或管理体系符合特定的要求。

果蔬产品认证是食品安全认证的重要组成部分，主要认证的对象是果蔬生产过程及其所生产的初级农产品或粗加工产品，揭示的是果蔬产品在生产、贮藏、加工甚至流通过程中从田间到餐桌全过程链的“私有化”，避免信息不对称导致市场失灵。

一、果蔬产品认证特征

1. 果蔬产品认证的对象

果蔬产品认证主要针对的是初级果蔬产品及其延伸的粗制加工制品，其中包含了对生产过程的质量体系分析和控制，但这种过程认知主要是服务于对最终产品质量要求的认证，所以，果蔬产品认证是一种产品认证而不是体系认证。

2. 果蔬产品认证是市场行为

由于果蔬产品生产和消费的基础性，以及政府公共管理的成本约束和可操作性，果蔬产品认证目前还只是一种市场激励行为，而不是一种强制性的准入行为。经过认证的果蔬产品可能得到更多的市场优势和超额利润，但是并不影响普通果蔬产品的市场机会，即果蔬产品认证是自愿性而非强制性。

二、主要问题与建议

随着果蔬产品认证规模的不断扩大，认证对企业经济效益的贡献越来越大，社会各界对果蔬产品认证的关注程度也越来越高，目前的主要矛盾已经由企业的认证需求和认证供给之间的矛盾转化为社会对认证的要求与认证质量之间的矛盾。在实施过程中，果蔬产品认证存在的问题也日益凸显，如有关食品安全认证制度的法律法规和标准体系还不够统一完整，相关内容的适用性和可操作性也有待提高；相关法规的冲突和部门职责的界定不清，对认证监管的有效实施造成了一定的不利影响；某些认证机构在实施认证过程中违规操作，存在买卖认证证书、恶性竞争等不良现象。针对这些问题，笔者提出以下三点建议。

1. 完善法规和制度建设，强化制度保障

进一步完善《认证认可条例》等配套规章和行政规范性文件，

增强法律的可操作性；推进建立统一的食品安全标准体系，解决现有标准间重叠冲突的问题，提高食品安全相关标准的科学性和可操作性。如鉴于 GMP、管理体系、HACCP 三种体系的制定原则相同，构成要素大多相同或相似，对这三种管理体系进行有效整合，不仅可以避免资源浪费，提升企业竞争力，而且顺应国际认证发展趋势。

2. 完善标准、检测、技术、培训、信息等支撑体系

修订现行的检测参数，避免重复检测，减轻企业负担。如申请无公害农产品中检测过的项目，再申报绿色食品时不再检测；申报绿色食品中检测过的项目，再申报有机农产品时也不再检测。同时，进一步规范检测系统，提高检测技术，避免检测差异，实现所有检测机构的检测数据或检测结果互认。

3. 完善监管制度，加大处罚力度

修订和完善管理制度的漏洞和不足，进一步完善“法律规范、行政监管、认可约束、行业自律、社会监督”五位一体的监管体系。如进一步明确监管制度和监管细则，明确生产者、经营者违反每一条规则时所需要承担的后果及需要接受的处罚，加大违法违规的处罚力度和执法监管力度，坚持做到违者必究，违者必罚，从而有效实现企业自律和充分发挥市场监督的作用。

此外，为进一步完善、严格我国的食品农产品认证制度，提高认证质量及社会公信度，要进一步健全“中国食品农产品认证信息系统”，积极引入公众监督机制，继续努力争取相关部门对食品农产品认证监管的支持，共同促进我国果蔬产品认证健康、有序发展，建立一个严谨、公正、透明的果蔬产品认证体系。

参考文献

鲍兴安，2013. 蔬菜种子播种前处理方法及播种方式［J］. 吉林蔬菜（9）：3-4.

陈青云，李鸿，2001. 黄瓜温室栽培管理专家系统的研究［J］. 农业工程学报（6）：142-146.

刘文科，杜连凤，傅国海，2017. 设施蔬菜无土栽培及其根区与冠层调控［M］. 北京：中国农业科学技术出版社.

马跃，崔改泵，邵凤成，2017. 设施蔬菜生产经营［M］. 北京：中国农业科学技术出版社.

山东农业大学情报室，1988. 日本蔬菜最新栽培技术［J］. 泰安：山东省出版总社泰安分社.

时小红，2015. 河南省小果型西瓜设施栽培关键技术［J］. 中国瓜菜（5）：62-63.

王迪轩，何永梅，2010. 无公害蔬菜科学使用农药问答［M］. 北京：化学工业出版社.

张元国，2017. 蔬菜集约化育苗技术［M］. 北京：金盾出版社.

邹志荣，2002. 现代园艺设施［M］. 北京：中央广播电视大学出版社.